U0142358

Cardiovascular Physiology and Pathology

心血管
生理病理學

慈濟大學生理暨解剖醫學研究所教授 陳幸一 著

推薦序一

必讀良書

陳幸一教授近日完成《心血管生理病理學》一書，邀請筆者爲其作序，由於筆者忝爲陳教授早年啓蒙老師，了解陳教授茁壯，屢創佳績，日後並在此領域表現傑出之過程，故樂爲之序。

陳教授畢業於國防醫學院醫學系，畢業時，適盧致德院長敦聘其協和醫學院舊日老師林可勝博士回國在臺北榮總柯柏館領導研究，因而延攬陳教授與現任職於奇美醫學研究中心、研究傑出之林茂村兩位爲其特別助理。陳教授之工作爲跟隨林先生從事「退燒」與「止痛」之有關實驗，可惜林先生不久辭世，便由筆者承接協助繼續其已展開之工作，並參與筆者實驗室有關循環調節、特別是探討血壓及心跳調控研究計畫。

筆者對陳教授印象最深刻的是，他能自動自發，並創意設計實驗，如探討高血壓血流動力，以及發掘腦部受傷產生致死性肺水腫之原因。他在這方面陸續發表許多重要論文，也因爲這些傑出研究，使他獲得許多巨獎：包括十大傑出青年、教育部學術獎、吳三連醫學獎、李遠哲基金會及有庠基金會學術獎座等，顯示陳教授學術上之卓越成就。

筆者對於有爲向上之年輕後進，用力協助，向來不敢輕忽。由於陳教授重點在心臟血管方面，乃於民國 62 年，薦舉陳教授赴密西西比大學生理研究所，隨國際知名之 Guyton 及 Taylor 教授攻讀博士學位。結果表

現非常優異，一年十個月即完成博士學位課程。其後，他又前往德州大學 Bishop 教授實驗室從事「感壓反射」之研究。綜觀他在美國三年，以其聰穎天賦，除完成學位外，更發表了為數不少的論文。回國之後，他更利用所學，迅速在母校成立實驗室，邀請多位年輕學者與三軍總醫院醫師加入他的實驗室，發表了不少質量俱佳的論文。陳教授也熱心幫助學生升等，故對母校貢獻很大。

　　本書由心臟血管生理學歷史開始，闡述高血壓之成因，血流動力機轉，並深入討論急性肺損傷及急性呼吸窘迫症之生理病理變化與生化分生異常，更探討可能治療之方法，凡此均為陳教授累積四十餘年之研究教學紀錄。陳教授此書不僅為專業所需，更為一不可多得之專論，亦為一般非專業之大眾醫學書籍，故樂於推薦。

中央研究院院士

生物醫學科學研究所通訊研究員

國防醫學院前院長

推薦序二

從古述今

陳幸一教授的新著《心血管生理病理學》，承囑念讀作序，本以為有先睹機會，不假思索即刻答應。不想書稿到手，適逢學校新開課程，又有部分研究急需發表，只能偷得些許時間先行翻看，竟然愛不忍釋。尤其諸多內容值得用心細讀，不意竟擱置許多時間，直到陳教授再次催稿，才急忙趕稿應命。

筆者非常喜愛這本書的第一章「心臟血管系統生理學簡史」，將過去連綴到現在，從歷史追溯生理病理學的發展。看到醫學先賢前輩及年代精英孜孜不倦，嘔心瀝血，殫精竭力，終於發展出真知灼見。從虛無到存在，無知到真知；從謬誤到匡正，繁複到精緻，終於成就今日的《心血管生理病理學》。

本書提及中國古代的《黃帝內經》中有「脈為血之藏」及「脈急、六跳一息則心虛；脈大則病重」，感受尤其深刻。中國古代精英將血管儲留血液之生理現象，以「脈為血之藏」表現，言簡意賅。「脈急」是 tachcardia；「六跳一息則心虛」是 ectopic beat；常因虛血性心肌而起，「脈大則病重」是 bounding pulse，多與主動脈瓣閉鎖不全的重病有關，黃帝經的真知灼見可見一斑。

在現代實驗醫學鼻祖 Willian Harvey 之前，Galen 認為「心臟是血管

的根源，大腦是神經的起源」；而血液循環的生理概念，也經 Richard Lower、John Mayow 及 Sigmund Elsholtz 的實驗建立起來。Willian Harvey 著書立論之後，Hales 及 Riva-Rocci、Korotkoff 相繼發明血壓計及聽診器；而後來血氧之事實及其灌注不只器官、更是組織及細胞之細微生理學理論，都在距今三百年前先賢即已發現。當時沒有精製儀器，也沒有眾多的實驗經驗，只專憑腦力思考就推演出許多不朽的生理學論著。古人的智慧，讓人十分敬佩。

過去百年，更有多位生理學家發現自主神經參與內在調控，提出有利的病變反應，如 Bezold-Jarish reflex、Baroreceptor reflex、Vasomotor nerve、Melieu Intern 及 Homeostasis，至今在臨床診療應用仍然甚有價值。

陳教授娓娓論述心血管生理病理學發展，再次重溫科學家以自己作實驗對象的歷史，如 Charles E Brown Sequard 以睪丸抽取物自我注射，終於有前列腺激素理論之開展；Werner Forssmann 以導管穿刺靜脈直抵心臟。先賢們犧牲奉獻只為追求科學真理的精神，令人尊敬。

陳教授在其專業的成長，師承兩位大師，先有林可勝教授慧眼識英雄，躬身教習，深度提點，讓陳教授的學術生涯得以揚帆出發。其後，陳教授負笈美國進修，獲得心血管生理病理大師 Arthur C Guyton 真傳，終能奠定輝煌成就的基礎，此一機遇並非偶然，而是慧根加上努力有以致之。陳教授從 1973 年開始致力於急性肺損傷與急性呼吸窘迫症之研究，創立研究模式，在大白鼠建立顱內高壓誘發肺水腫，找到下視丘是病變所在，延腦之交感神經都扮演重要角色。陳教授更因為此等研究，再深度探討敗血性休克及脂栓塞引發肺損傷，非常值得研讀（詳見第十五章）。

筆者與陳教授同爲臺南一中校友，其後分別於國防及臺灣大學醫學院受教學成，在基礎及臨床各自發展。過去二、三十年來，筆者與陳教授往來密切，對陳教授爲人處世、熱誠教學、鑽研新知及追求眞理之精神，知之甚深。本書乃陳教授嘔心著作，隨處可見其生涯努力及智慧結晶。本書有許多心血管生理病理學新知，具高度臨床實用價值，值得醫學生、臨床醫師，特別是心血管專科醫師用心閱讀。這是一本好的教科書，值得高度推薦。

臺大醫學院教授兼內科主任

臺大醫院院長

臺大醫學院名譽教授

中國醫藥大學資深顧問

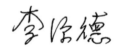

推薦序三

一生無量

　　人體是由 200 多種不同型態與功能，總數約 60 兆個細胞所組成。這麼龐大的「細胞大社會」追根溯源是由一個受精卵複製、分裂、分化而成，從「一生無量」到「無量一生」。

　　人類的身體無時無刻處在變動不居的環境之中，能夠保持身體與內外環境的協調統一，才能維持生命活動的正常運作。長期演化過程形成的生理自動控制系統扮演重要的角色。我們由於有完善的體溫調解系統，而能在環境溫度劇烈的變動之下，仍能維持恆定之體溫、血壓、血糖之調解。呼吸、心跳之節律及其他的生理指標之恆定，同樣的有其相應的自動化系統進行嚴密的調控。而感覺系統與神經系統亦是人類存活與活動之必要條件，透過各種感覺系統接受環境訊息，將其傳遞至中樞神經系統引起感覺、知覺並經過綜合、分析與指令，才能對外界的環境變化作出合宜的反應。人體的身體功能匯集多層面的功能，而探討這些功能，以闡明營運生命機轉的學問即是「生理學」。

　　近年來，由於科學的日益昌明，生理學的研究也逐漸深入及細分化，更能透澈微觀世界的生命本質與運作方式。陳幸一教授 1968 年畢業於國防醫學院醫學系，並於 1971 年獲得同校生理學碩士，於 1976 年獲得密西西比大學生理學博士，一生致力於生理學的教學與研究，是蜚聲國

際的心臟血管生理學權威，不但著作等身，更是獲獎無數。猶記得 1998
年，腸病毒 71 肆虐，奪走很多小生命，引起了全國的恐慌。現臺大小兒
科張鑾英教授與我討論腸病毒導致出血性神經肺血腫之機轉，我們蒐集全
球論文，赫然發現全世界對這個主題研究最深入的竟然是本校的陳幸一教
授，使我在「終日尋春不見春」之際驀然回首，才發現「眾裡尋他千百
度」，原來「春到枝頭已十分」。

　　陳幸一教授的巨著《心血管生理病理學》即將付梓，這部集陳教授一
生功力與心血的著作於問世之前，筆者能先睹為快，其是人生一大「快」
事。全書共分十六個章節，鉅細靡遺，深入淺出，不但是心臟血管基礎醫
學生理與病理學的最佳教材，更適合臨床醫師閱讀。畢竟「眾生畏果，菩
薩畏因」，從問題導向教學與實證醫學的觀點，探討疾病之「機轉」一定
得從基礎醫學開始，才能充分了解臨床變化及因應之道。本校以擁有陳教
授這樣的「大師」為榮，陳幸「一」教授，「一生」致力於「生理」學研
究，有著「無量」功績，身為學「生」輩的我們，也要努力從「一」的基
礎開始，「生」出「無量」的智慧。願我們共同來「一生無量」。

慈濟大學校長

王本榮

pen-Jung Wang

推薦序四

妙趣橫生

　　常聽國防醫學院的學生們談起陳教授上課時趣味而難忘，如飲甘醇，生理所王家儀所長亦有同感，因爲他能夠第一時間把深奧複雜的血流動力學講得深入淺出，易懂且易學；學生們都認爲，聽老師講解循環生理是一種享受，醫學生沒上過他的課該是一種遺憾，現在老師已正式退休，往後新的一代醫學生將不再有機會能如沐老師之雨露；還好，在老師甫退休的這段時間，他毫不倦怠，以勤快的筆鋒耐心和細心的整理，加上四十多年的教學經驗，從心臟血管系統生理學的歷史談起，鉅細靡遺，圖文並茂，其中穿插許多有趣而不爲人知的小故事，由淺入深，化繁爲簡，有條不紊的把心肺生理，有系統的娓娓道來，讀起來總有讓人陷入其中，欲窮究其底方感罷休。

　　老師從小喜歡數理，也愛看武俠小說，寫起文章如行雲流水，文筆流暢且幽默風趣，拜讀《志爲人醫──醫學拓荒者故事》一書，對莘莘學子多所啓發，這還是他學生時期就有這種著作的功力，現在這本書中也介紹諾貝爾獎得主──福奇果教授（Prot. Furchgott）利用「吊血管」（Aorta Strips）發現「內皮細胞舒張因素」（EDRF）後來證明是 NO（一氧化氮），這個原本有害的物質後來更成爲 1992 年的風雲物質，大放異彩，許多的新藥因此被發明上市造福人群無數。

早在 1973 年，當老師還是碩士研究生，在榮總神經生理研究所從事研究時，成功地發現在大白鼠身上發展腦部壓迫引發致死性肺水腫出血之動物模式，這是一項重大的發現，進而探討其機轉後撰寫兩篇在此領域經典的重要標竿論文刊登於《美國生理學會雜誌》，被引用次數無限，老師從此一頭栽進各種原因之急性肺損傷研究長達四十載，不但以整體動物，而且以離體肺來研究，近幾年來更與病理及內外科醫師合作，配合臨床案例找出急性呼吸窘迫症之可能機轉與治療之道，並指導許多臨床醫師發表可觀的論文於各領域之雜誌，此書成功地把基礎與臨床銜接，這是從事醫學工作者們所追求的最高境界。

陳教授效法實驗醫學鼻祖威廉‧哈維（William Harvey）願當一位生理醫學的拓荒者，在退休後仍孜孜不倦，嘔心瀝血，親自完成這本醫學生進入心肺生理病理學的最佳導讀，輕鬆地幫助學生們融會貫通，即使是在臨床工作多年後來研讀，仔細品味仍獲益良多。

老師曾說「凡走過必留下痕跡」，他自認倘佯生理四十載，齒危髮禿終不悔，再盡餘生之力，把浸潤於基礎生理學的精華忠實地記錄，精采可期。

臺北新光醫院內科部胸腔科教授兼主任

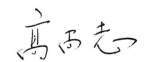

推薦序五

夢想成真

　　《心血管生理病理學》乃陳幸一教授之最新大作，近年來由於生活型態的轉變，心臟血管疾病以及相關的合併症已經蟬聯國人主要死因多年，而 2005 年世界衛生組織也公布了一份報告指出：全球每年死亡之 5,800 萬人之中，約有 30% 死於心臟血管疾病；若是依照疾病罹患率來計算，全世界預估有 10% 以上之人口受到心臟血管疾病之苦。這些統計數據提醒著民眾與專家必須認清「心臟血管疾病已經成為人類生命主要的威脅」的事實。因此，世界各國包括臺灣在內，每年都投入相當多的研究經費、專家人力與時間進行相關之研究；然而，不斷推陳出新的醫療儀器與藥物使得臨床診斷、評估以及治療方法相較過去雖有大幅進展，但是距離人類能完全克服心臟血管疾病之夢想仍然有一段艱辛的前路待行。

　　尋求有效預防與治療心臟血管疾病之方法是未來公共衛生專家、臨床醫事專業人員與醫學研究科學家最重要與最嚴峻的挑戰，面臨如此課題，吾人必須先對基本之心臟血管生理與病理學有更進一步的認識，方有足夠能力再論尋求深入預防與治療之道，這應該也是陳幸一教授撰寫本書的初衷。

　　本書首先是將人體複雜的心臟血管系統依照各個組成器官分別介紹，包括心臟、血管、血球等；在各個器官中又依照結構、生理、病理等

次序深入淺出的說明，讓讀者得以駕簡馭繁的從文章中汲取複雜又艱深的心臟血管生理病理概念，既使不曾學過心臟血管生理學的讀者，亦能從中獲取正確無誤的基本概念。因為本書為心臟血管生理系統做了完整的彙整，又其獨到而高明的編寫方式亦相當適合目前醫學院中所推行之「以問題為導向學習」（problem-based learning；PBL）課程中使用。另外，難能可貴的是，陳教授除了介紹以往學者的研究成果外，也將其多年的研究要旨彙整穿插於各章節中，並在關鍵處提出了一些新的見解，像這樣兼顧理論與實務的專書，是過去本土科研出版品所少見。希望讀者能夠用心體會書中內容。

筆者勉受陳幸一教授力邀為其大作《心血管生理病理學》簾序，確是感到萬分榮幸，又因此而能「第一手掌握」搶先瞻閱陳教授多年鑽研心臟血管生理的優異具體成果，堪稱是「天上掉下來的禮物」，亦是筆者在生理學界從事教學與研究工作二十多年來至高的榮耀。快哉欽羨之餘，亦樂於大力為推為介，並亟欲將此優秀書籍與廣大科研讀者分享，更藉此難得機緣，表達長久以來對陳教授的衷心敬佩之意。

臺北醫學大學醫學系生理學科教授兼主任

推薦序六

精采必讀

　　陳幸一教授是國內最具知名度與影響力的循環醫學大師，從學生時代即展現不凡的科學與人文素養，曾擔任校刊編輯，並在學生時代完成第一部醫學科普著作《志為人醫——醫學拓荒故事》。醫學院畢業之後投入循環醫學研究，探討高血壓等重要議題，成就斐然，先後榮獲十大傑出青年、國科會傑出獎、吳三連獎、教育部學術獎等，獲獎無數，成就堅實的學術地位。所發表的學術研究論文不但質量均優，受到國際醫學界高度引用，後來還被歐美教科書選為範例，樹立起優良的國際聲譽。陳教授除了先後在國防醫學院與慈濟大學專職任教之外，也常受邀到各大醫學院客座與演講，幾乎國內各大醫學院都有其足跡，也訓練了許多優秀的人才。許多曾受其指導的醫師、碩士、博士與研究助理，目前已在國內各大醫學院校與研究單位擔任重要職務。每當陳教授到各大醫院、學校參訪時，「老師」或「教官」之聲此起彼落蔚為奇觀。筆者有幸也受到陳教授多次提拔，不但擔任筆者的博士畢業口試委員，之後也推薦筆者參選十大傑出青年。此外，陳教授也是運動健將，尤其在籃球場上縱橫數十年，從學生身分打到教授身分，將運動生理學的理論與應用發揮到淋漓盡致。欣聞陳教授要出版一本循環學的教科書，有機會受邀寫序，筆者感到十分榮幸，並立即先睹為快。

首先要介紹的是，這本書不但是一本教科書，同時也是一本深入淺出介紹醫學的科普著作。不只可以給醫學相關領域的學生作為教科書，也可作為已經畢業者與專業人員的參考書籍。即使是一般社會大眾，想要一窺醫學之神祕者，這也是一本精采的讀本。陳教授本身除了是醫學教授外，也是一位文學家，從小就是寫作高手，也曾經出版過不少科普讀物。其文筆如其人非常的風趣與直爽，再艱深的醫學知識，都可經由陳教授講小說般解釋清楚，讀者可以在愉快的心情下吸收最深奧的醫學知識。裡面也穿插了許多醫學發展的小故事，這些小故事在其他的書上難得一見，但對於醫學長久的發展影響深遠，值得細細品味。

以醫學或科學觀點而言，這也是一本非常精確的科學論文，裡面綜合了許多生理學的知識與這些知識背後的基礎科學。回想起筆者在醫學院求學時期，往往遇到瓶頸，許多知識與理論即使查了字典、翻遍了參考書、再三細聽老師上課的錄音帶、並與同學討論，還是難以理解，甚至徹夜難眠。在陳老師的書中，從前因後果到日常應用，再艱澀的知識都交代得清清楚楚，原因就是陳老師豐富的科學素養，本身不但是一位醫學教授，同時也是一位科學家，早已飽讀群書並通達生命的奧祕。知識敘述的方式非常有邏輯性而因果明確，在後面的數學、物理學、化學、生物學早已觸類旁通而合成一氣。尤其陳教授擅長的中樞神經與周邊循環互動的推導，國內更無人能及。除了一般課本必備的基本知識之外，很難得的在本書中也包含了許多陳教授的私房資料，也是一個能夠完整了解陳教授研究精髓的絕佳機會。

以人文觀點而言，本書可以強烈感受到陳老師對於循環醫學的喜好與探索未知領域的樂趣。在章節之中可以感受到醫學實驗室中既神祕又令人

興奮的氣氛，原本嚴肅冰冷的醫學知識好像有了靈魂。除了對於生理學原理的探討之外，陳老師對於這些發現的過程及發現者之間的互動與競爭，都有精采的描述。從生理學的黑暗時期開始，講到生理學如何從無到有，十八、十九世紀許多祖師級學者的豐功偉業，二十世紀諾貝爾獎得主的事蹟，一直到二十一世紀最近的進展，都有重要的描述。其中還包含國內生理學發展的介紹，都是非常珍貴的第一手資料，可以做為研究國內醫學發展歷史的重要參考。

　　最後筆者還要強調的是，這也是一本難得的「原版中文」醫學教科書。無可諱言，目前的醫學強國是歐美與日本，所以一般而言，在醫學院中所謂的「原版」課本通常指的是英文書，因為很少原版的書是由中文寫成的，大部分的中文課本幾乎都是翻譯而非原創的。所以許多學生與學者為了追求最精確的第一手知識，必須讀原版書，很自然就會去讀英文的課本。於此，陳老師的書可以說是難得一見的原版中文課本，值得為國內的讀者慶幸。難得可以享受用自己熟悉的母語悠遊於高水準的醫學著作之中，跟外文書籍或翻譯書籍的感覺完全不一樣。在讀這本書的時候，筆者甚至會慶幸自己熟悉中文。一旦開卷讀起來之後，有如行雲流水且欲罷不能，好像在看武俠小說一樣。讀過之後，感覺在科學與人文上又提升了一個層次。個人一方面利用這個機會介紹這本難得一見的好書給大家認識，一方面也以一位讀者的身分，對作者陳老師表達最高的敬意與謝忱。

陽明醫學大學研發長、生理學教授

自序

本書討論心臟血管系統生理病理學，可謂筆者四十餘年於國防及慈濟兩校之教學與研究記錄。

筆者於民國 57 年醫學院醫學系畢業後，留校擔任助教，開始在醫學院教書，至今已逾四十年，醫科畢業卻放棄臨床，從事基礎研究的結果是清苦而寂寞的生活，但面對學生，得以授業傳道，未免是人生一樂。

雖然大部分的教學主要在國防及慈濟兩校，但年輕時在別校教書也曾留下難忘的回憶，民國 80 年移居花蓮，在東部地區創立慈濟醫學研究中心，開啟花東醫學研究之風氣，同時舉辦「高血壓與腦中風國際醫學研討會」，為慈濟第一次，也幫助籌備慈濟醫學院，隨後籌設醫學科學研究所碩博士班，展開各層面之生物醫學研究，訓練醫學研究人才，這是筆者一生對國內醫學研究之最大貢獻。

本書由循環生理學歷史開始，討論心臟血管系統之生理病理成因機轉，包括高血壓、血流動力、心臟幫浦功能、動脈運通緩衝及阻力性功能、靜脈容積性功能、毛細血管交換性功能、水腫成因、急性肺損傷與急性呼吸窘迫症之危險因素、致病機轉以及可能治療之道等。

希望本書不僅提供生物醫學研究者作為教學研究參考資料，也能增進大眾了解心血管健康與疾病之知識。

　　另外本書有許多英文名詞或英文人名並不全部翻成中文。還有若干參數之單位也僅用英文，僅向讀者說明。

慈濟大學生理暨解剖醫學研究所教授

國防大學醫學院兼任教授

臺灣大學醫學院兼任教授

目錄

第一章

心臟血管系統生理學簡史
（Brief History of Cardiovascular Physiology）

　　十七世紀初期，實驗生理學的發軔使得生理學由憑空的理論走向實際的驗證、觀察及研究。經過十八及十九世紀，生理學的知識已有相當的規模，二十世紀以來，生理學配合其他科學的進展，在研究的技術上突飛猛進，眾多生理學者的研究成果使得我們清楚認識人體的生理機能。包括心臟及血管的循環系統為人體重要的生理系統之一，在學習此一系統的生理功能之前，了解循環生理學發展的簡史，將有助於學習者融會貫通，同時記取前人偉大的貢獻。

威廉・哈維之前

　　我國古代醫書《黃帝內經》中有「脈為血之藏」之句，可以說是對於心臟血管系統描述之始，中國人很早以前便知由把脈以診病，《黃帝內經》記載：「脈急、六跳一息則心虛；脈大則病重」，心律不整以及脈搏壓變寬的生理病理現象在此句話中已見端倪。

　　威廉・哈維（William Harvey; 1578-1657）是現代實驗醫學的鼻祖。他象徵醫學領域的拓荒者，不論過去、現在以及未來，這些拓荒者貢獻其心力，為了解人體的生理機能而奮鬥，也為尋求解決人類病痛的道路孜孜不倦，嘔心瀝血。

　　葛倫（Galen; 130-201 AD）對於血液走向的推論雖然不正確，但他也糾正了過去若干錯誤的觀念，重新認為「心臟是血管的根源，大腦是神經的起源」，葛倫以四液學說為基礎而引申的四精神學說似乎很有意思，在胃臟中，食物中的營養精神（Nutritive Spirits）經由管道吸收至肝臟，在此合成自然精神（Natural Spirits），送達心臟，心臟中血液的「翻滾」加入肺臟中的空氣，形成了生命精神（Vital Spirits），由心臟中的「小洞」經由動脈分布全身，另外的動物精神（Animal Spirits）則由神經送入大腦。Swamerdam 也設計了容積器方法（Plethysmographic Method）以觀

察心跳收縮及舒張間的容積變化，進而計算心搏量。在此時期，若干學者如 Niels Stensen（1638-1686）及 Giorgio Baglivi 開始研究心肌的特殊構造及收縮之能力。

鮮紅的動脈血經過組織以後，靜脈血變成暗紅色，Richard Lower（1631-1691）及 John Mayow（1643-1679）發現靜脈血經過了肺臟之後又變回原來的鮮紅血，他們認為靜脈血中加入了肺臟中氣體的某些成分後才變為鮮紅，經過組織之後，動脈血把這種氣體成分放出，所以又變為暗紅。在此時期 Sigmund Elsholtz（1623-1688）注意到某些染料注入靜脈之後，馬上在動脈中出現，而且分布全身，他是暗示靜脈注射法可行性的第一人。

威廉・哈維之後

威廉・哈維的實驗精神以及正確的觀察大大地影響後世生理學的發展。十八及十九世紀可說是實驗生理學發枝長葉的蓬勃時期，甚至由一個人單一的研究進入集體合作的實驗，師生傳脈蔚然成風。後世尊稱威廉・哈維為現代實驗生理學及醫學之父，他於 1628 年將其實驗結果整理成冊，發表巨著《血液循環論》一書，堪稱現代實驗生理學之第一本論文集，在書中威廉不但記錄定性觀察結果，也闡述定量分析，書中他指出正確的靜脈瓣走向，後來之輸血、靜脈輸液及血液學等皆因此巨著而有重大研究成果（圖 1-1、1-2、1-3）。

圖 1-1 實驗生理學及醫學之
父：威廉・哈維肖像

圖 1-2 《血液循環論》首頁

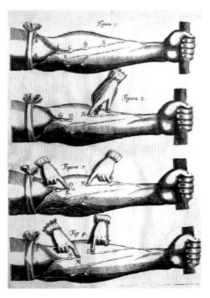

圖 1-3 威廉・哈維發現正確靜脈
瓣走向

R. Stephen Hales（1677-1761）於 1733 年報告在馬及其他動物身上的血壓測量（圖 1-4），他是一位教區牧師，空閒時則喜歡做動物之生理研究，Hales 如何將清醒動物的股動脈切開以插入動脈管雖然不為後世所知，不過 Hales 是第一位測量動脈血壓的人，而且發現動脈壓隨心臟的跳動而發生上下的脈動，那就是現在所謂的心縮壓及心舒壓。此外，Hales 以同樣的方法測量皮下靜脈壓，發現靜脈壓遠低於動脈壓。插管測量皮下靜脈血壓的方法沿用至今，但是動脈插管測量血壓的方法則有諸多不便，Scipione Riva-Rocci 在 1896 年改用

圖 1-4　1733 年，Stephen Hales 報告以插管法測量馬頸動脈血壓

水銀計，改良了利用長管測量血柱的不便。1905 年俄國醫師 Korotkoff 發明了現在所使用的袖圍聽診法血壓計，使得血壓的測量簡單易行，成為臨床上的一種常規檢查（圖 1-5）。

　　由於化學的發展成熟，十八世紀的生理學得以應用化學方面的知識進行研究，因而多種氣體如二氧化碳、氫及氮氣陸續地被發現，最重要的氧則先後在 1772 年被 Scheele 及 1774 年被 Priestly 發現，1775 年 Antonie Laurent Lavoisier（1743-1794）確定了氧的真實性質，此種氣體的發現使人了解空氣中重要的「未知部分」，它使得暗黑的靜脈血經過肺臟之後變為鮮紅，同時也明瞭血液在循環的過程中消失了一部分氧氣，對於呼

吸生理祕密的揭開，Lavoisier 有不可磨滅的貢獻，1968 年他發表有關氧化與呼吸的研究報告，說明了呼吸主要包括了氧的攝入與二氧化碳的排出。此外，Lavoisier 有關呼吸及代謝的生理研究多得不可勝數。可惜在 1974 年被送上斷頭臺處決，罪名不是科學的活動，而是他曾擔任政府的稅吏。後世對於 Lavoisier 的評論為：「瞬間可以使他身首異處，可是百年間也產生不出一個像他那樣的人。」

十九世紀生理學之研究以法國及德國為最著名，Marie F. X. Bichat（1771-1802）倡議生理之最終單位不是器官（Organ）而是組織（Tissue），雖然後來進一步了解生理最終的單位是細胞（Cell）以及細

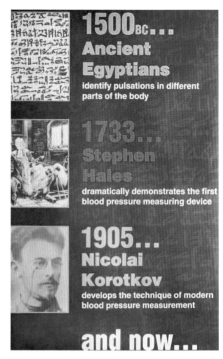

圖 1-5　血壓測量方法由早期埃及與中國把脈開始，1733 年 Stephen Hales 直接以插管法測量動物動脈壓，發展到 1905 年，Korotkov 等人發現之間接叩診法

胞內細微之分子結構，Bichat 的理論在當時使生理及解剖學研究走向更細微的層次。Francois Magendie（1855-1931）為當時最著名的生理學家，他雖然以神經生理與解剖的著述聞名，但也了解血液在輸送養分的重要性。Magendie 桃李滿門，James Blake 為其手下研究循環生理較著名者，他很正確地測量循環時間。Claude Bernard（1813-1893）則為 Magendie 最偉大的學生，Bernard 的貢獻除了以簡單巧妙的設計完成諸多生理實驗之外，其著述將生理學的觀念融入了哲學的概念，他發現了神經管制血管

的功能，創立「血管運動神經」（Vasomotor Nerves）一詞，在消化生理方面，他精研胰液分泌的機轉。1865 年出版《實驗醫學介紹》一書，最早提出「內在環境」（Milieu Interne）一詞，指細胞外液構成身體的內在環境，其後 Walter Cannon 表示動物體在外界環境之變化下，內在環境因為種種生理機構而能維持在「勻衡狀態」（Homeostasis）。

有關循環疾病的治療，William Withering（1741-1799）在 1785 年介紹毛地黃（Digitalis）用以治療心臟衰竭所引起之水腫，從此之後，「當心臟血管功能失調時，有些事是可以做的」。Richard Bright（1789-1858）進一步了解水腫可以由心臟的疾病引發，亦可由腎臟功能失常引起，並且他發現某些高血壓的病人有較硬的動脈管，可謂第一位闡述高血壓導致動脈硬化的學者。

除了 Magendie 之門生弟子之外，德國有著名之 Weber 三兄弟，Wilhelm E. Weber 將許多物理學的原則引到生理學的研究，成為生物物理學（Biophysics）之始；Eduard F. Weber 則研究神經脈衝之傳導速度，同時發現迷走神經對心臟之抑制作用。在流體力學方面，L. M. Poiseuille（1789-1869），研究血流與壓力差、血管半徑，長度與黏稠度間之關係，制立了有名的 Poisseuille 血流動力原則（Hemodynamic Principle）。Adolph Fick（1829-1901）著名的 Fick 原理闡明了心輸出量、耗氧量及動靜脈含氧差之間的關係。

Carl Ludwig（1816-1895）為繼 Magendie 以後的另一位生理學大師，精研循環生理，發現延腦血管運動中樞（Vasomotor Center）功能，設計簡單紀錄器以記錄血壓，成為現代紀錄器之開端。後人尊稱 Ludwig 為一「幕後導師」，因為有許多他自己或與學生共同研究的論文並不具名，而以學生名義印行，Ludwig 這種寬容的學風吸引了世界各國學生到德國留學，成為生理學的重鎮，Henry P. Bowditch（1840-1911）由美國

前來拜師門下，後來創立了美國生理學會，帶動了美國生理及醫學的進步。

　　十九世紀的化學知識有了更長足的進步，以化學的方法來研究生理成為「生物化學」（Biochemistry）自成一門學問的肇始，Justusvon Liebig（1803-1873）及其學生對於蛋白質、醣類及脂肪在生物體內的代謝有精闢的研究。Felix Hoppe-Seyler（1825-1895）專精血液化學，發現血紅素（Hemoglobin）之存在，為血液中重要的化學物質。

　　Charles E. Brown Sequard（1817-1894）為十九世紀偉大的生理學實驗大師之一，他在 Claude Bernard 死前之聲名並不顯赫，但是事實上比 Bernard 早先發現控制血管的神經，他常常以睪丸抽取物注射自己，此種腺體治療的研究開創了激素理論的先河，也引起對於內分泌學的廣泛探討。他的學生 Paul Bert（1830-1886）研究增加及減低大氣壓力對於生理因素的作用，1878 年發表「大氣理論」，可稱為航空生理學之鼻祖。另一位生理大師為 E. H. Starling（1854-1916），他及門生在若干系統生理功能的重要發現，至今仍被奉為定律，而冠以 Starling Law，關於毛細管的濾過（Capillary Filtration）理論，成為了解水液透過毛細管壁進行交換的開端；在消化系統方面，Starling 發現 Secretin 之類物質，後世得以進一步探討消化之激素控制，食物進入消化道之後促使胃腸分泌若干物質，這些物質進入血中，再回到消化道以調節胃腸道及附屬外分泌腺體中消化液的釋放；他及門生利用心肺製備（Heart-Lung Preparation），闡明在一定之範圍內，回心血量與心搏量間之關係，Starling Law of the Heart 為心臟輸出量自我調節（Autoregulation）的一種重要因素。

　　十九世紀後期至二十世紀初葉，生理學在實驗室之研究蔚然成風，其中以德國為盛，擁有許多著名生理學家及生理學研究所，在循環系統方面，若干學者開始注意到反射性控制的現象，法國學者 Estiene

Marey（1836-1868）發現血壓與心跳間存在的相反關係，即血壓高則心跳慢。Albert Bezold（1836-1868）注射 Veratrine 類膺鹼進入體內，發現心跳顯著變慢，此種反射後來經 A. Jarisch 再加研究，發現為經由迷走神經傳入及傳出徑的一種反射作用，雖然 Bezold-Jarisch 反射在早年被認定可能不具重要生理作用，但提供了一種「由心臟發出再回來調控心臟」的內在反射（Intrinsic Reflex）作用實例，事實上，晚近之動物與臨床觀察認定 Bezold-Jarisch 反射如在心肌栓塞發生心跳變慢，則動物或病人會有較好的預後。早在 H. E. Hering（1924）精研感壓反射（Baroreceptor Reflex）之前，有些學者即發現手壓頸動脈竇部位可以使心跳緩慢，頸動脈竇之竇神經（Sinus Nerve）因 Hering 之名又稱為 Hering's Nerve. Corneille Heymans 及其學生則對於感壓反射及化學反射（Chemoreceptor Reflex）有極廣泛而深入的探索，在此期間，自主神經系統的研究成果也頗可觀，John Lanley（1852-1925）為後世尊稱為「自主神經系統之父」，他首先提出臟器功能（Visceral Function）自主的觀念，Walter Cannon（1871-1945）除了提出 Homeostasis 一詞之觀念外，對於自主神經系統研究也貢獻甚大，Otto Loewi（1873-1960）著名的蛙心實驗，指出迷走神經末梢釋放某種物質（現已知為 Acetylcholine）致使心跳變慢，他的簡單實驗成為研究神經傳遞物質（Neurotransmitter）或媒介物質（Neuromediator）的先河，有關心臟的研究，Herman Stannius（1808-1883）以線紮分開蛙心之心房與心室，這種著名之「斯氏結」闡明了心臟不同部位的自動性及節律性，也明白正常的心跳由竇房結控制，稱為心臟的配速者（Pacemaker），Walter H. Gaskell（1847-1914）專精心臟神經支配的作用，Wilhelm His, Jr.（1863-1934）及 Albert Kent（1863-1945）則研究心臟的傳導系統，主要的貢獻為發現心房及心室間的束狀纖維交通，在房室結之後有所謂的 His 束，稍後，

Augustus Waller（1856-1922）及其同事記錄心臟收縮時之電位變化，
William Einthoven（1860-1927）發明了記錄心臟綜合電位變化的電流計
（String Galvanometer），發展成為心電圖儀（EKG），James Mackenjze
（1853-1925）及 Thomas Lewis（1881-1945）則建立了 EKG 在臨床應用
的地位，二十世紀初期，Werner Forssmann（1904-1990），在自己身上
由手臂靜脈插入導管直達心臟，心導管（Cardiac Catheterization）的應用
帶來了正確診斷疾病的方法。在 E. H. Starling 提出了毛細管之濾過及吸
收功能之後，August Krogh（1874-1949）對於毛細管交換性功能做了一
系列深入的研究，使得後世了解循環系統的最終目的是要由血液將養分透
過毛細管供給細胞，而細胞的代謝產物則經由毛細管進入循環系統之中。

　　以上所列舉多為二十世紀以前循環生理學之偉大拓荒者，早期
Claude Bernard 即聲言實驗室是醫學的「聖殿」，十九世紀到二十世紀之
間，醫學的進步可說邁向了實驗室醫學期，有別於較早之圖書館醫學時
期，床畔醫學及醫院醫學時期，由於許多著名專業生理學家所領導之生理
研究所卓然有成，若干生理及醫學雜誌在 1840 年後陸續創辦，促成了研
究間的學術交流。

筆者之師

　　當代的生理學發展，就是舉其犖犖大者也非本書的篇幅所可容納，只
是在此舉出兩位筆者的老師——林可勝先生及蓋頓（Authur C. Guyton）
教授，在筆者從事生理學研究及教學的生涯中，他們的教誨，尤其是他們
在研究學問的風範及精神，一直是筆者追求的目標。

　　林可勝先生是國防醫學院第一任院長，也是國際著名的生理學家，在
他七十歲那年，罹患食道癌，自知生日無多，將其在美國的儀器與圖書運
回國內，他本人雖然有疾在身，仍然積極地在國內建立實驗室，展開研究

工作並訓練人才，筆者於 1968 國防醫學院醫學系畢業後，即蒙盧致德院長及蔡作雍老師推薦給林先生，充任助理研究員，跟隨林先生從事有關疼痛與發燒的研究，林先生幾乎每天到實驗室來討論實驗的細節，甚至晚間也來指導論文的選讀報告，他常說：「一位研究者要學用口及筆來表達他的觀念」，因此他常不厭其煩地指出我們用口頭及書寫報告的缺點，使我們表達能力有很大的進步，九個多月之後，林先生溘然長逝，卻留下了永恆的哀思，對筆者而言，不但有幸追隨一位傑出的學者，由他那兒學習了科學研究的方法與知識，最可貴的是，其至死不休的研究精神，永遠是激勵後學者奮發向上的動力。林先生開啓了國內生理醫學的研究風氣，實為兩岸生理學之父（圖 1-6）。

　　Authur C. Guyton 教授幾乎是生理學領域無人不曉的人物，他不但在循環生理的研究具有特殊的貢獻，主要的是，其編寫的《醫用生理學教科書》（Textbook of Medical Physiology）是全世界生理學教師及學生人手一冊的教材。筆者有幸於 1973 年八月至 1975 年七月間，在 Guyton 教授

圖 1-6　兩岸三地生理學之父　林可勝先生（Robert K. S. Lim）

主持的密西西比大學醫學院生理學研究所攻讀博士學位，這位傳奇性的生理學家教導筆者的豈止是豐富的學識而已！Guyton 教授那種認真鑽研的精神，如果沒有親身體驗，實在令人無法置信。1996 年，芬蘭國際生理學大會邀請他做專題演講，講述其一生之循環生理學研究，筆者有幸與錢煦院士在他演講之後，排隊與他合影留念（圖 1-7）。

關於 Guyton 教授事蹟，1982 年 12 月號英文版《讀者文摘》（1983 年 1 月號中文版）以「一門醫學傑才」為題，做了生動的介紹，推崇 Guyton 教授：「專業上的崇高榮譽，只是他的成就之一」。Guyton 教授在循環生理學的偉大貢獻，除了「醫用生理學教科書」之外，也改編了較淺易的教科書，專著 40 餘冊，發表專題論文超過 1 千篇，應邀專題演講無法計數，實為當代生理學大師，曾當選「美國生理學會理事長」二次。Guyton 教授 27 歲在哈佛大學附屬醫院當神經外科住院醫師，受病人傳染小兒麻痺症，此後放棄臨床醫療工作，專事生理學教學、行政、研究與著述之說，有卓越貢獻。更特殊的是，他與太太 Ruth 育有八子二女（前 4 子，中 2 女，後 4 子），全部畢業於美國著名醫學院，目前分別從事各種專科，堪稱「一門醫學傑才」（圖 1-8）。

圖 1-7　Guyton 教授在芬蘭舉辦之國際生理學大會專題演講。Guyton 教授（中）、錢煦院士（右）與筆者（左）

一門醫學傑才

專業上的崇高榮譽，只是他成就的之一

「我欽佩我父親，因為他有特殊的性格，」蓋頓（Arthur Guyton）醫生的第三個兒子在七年級的作文裏寫道。「他患骨髓灰質炎，但他大約每月兩次到一個像華盛頓之類的大城市去開會，而且喜歡幹得大。我們有一所二十個房間的屋子，而他希望有二十個孩子。」蓋頓醫生的子女只有這數目的一半，計為八男二女。但他和妻子露思（Ruth）獻

中左起第一人為亞思，蓋頓醫生，第四人為他太太露思她，這是蓋頓全家的照片，攝於一九八○年。

圖 1-8 「一門醫學傑才」，摘錄自《讀者文摘》

第二章

循環系統之功能性分段
（Functional Organization of the Circulatory System）

　　循環系統的主要功能爲推動血液在體內流動，藉著血液的流動將血液
中的養分輸送以供給細胞，另一方面，將細胞之代謝產物帶到不同的器官
中予以清除。

　　爲了達到這一目的，循環系統的組成有主要三部分：1.具有動力的心
臟幫浦；2.一連串的分配及收集管道；3.分支緻密而壁薄的毛細血管，以
利物質的交換。

　　循環系統以解剖學的觀點分爲體循環（Systemic Circulation）及肺
循環（Pulmonary Circulation）（圖 2-1）。體循環由心臟開始之血管
段依次爲主動脈（Aorta）、大動脈（Large Arteries）、小動脈（Small
Arteries）、細動脈（Arterioles）及毛細管（Capillaries）。在動脈端之血
管逐漸由粗變細，由寡變多，毛細管爲數目極多而管徑最細之網狀管路。
之後靜脈系統分支匯合，管徑變粗；靜脈管路包括細靜脈（Venules）、

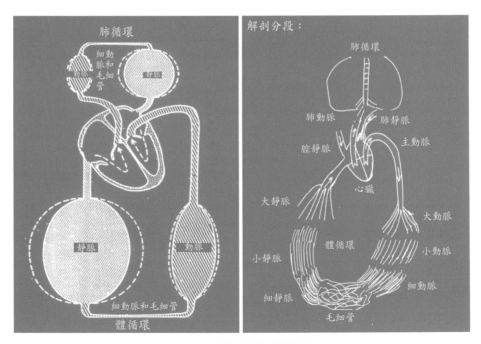

圖 2-1　體循環與肺循環

小靜脈（Small Veins）、大靜脈（Large Veins）及上下腔靜脈（Vena Cava）（圖 2-2）。

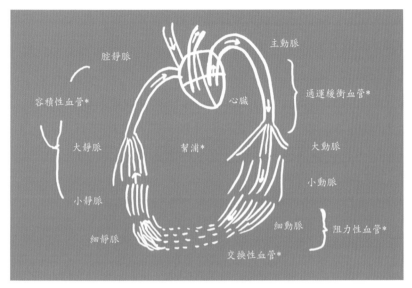

圖 2-2　體循環之功能性分段

循環系統之生理功能分段

以生理功能之觀點，循環系統之功能性分段：1.心臟（Heart）行幫浦（Pump）作用；2.主動脈及大動脈具運通緩衝功能（WindKessel Function）；3.小動脈與細動脈調節血管阻力，稱爲阻力性血管（Resistance Vessels）；4.毛細管則負責血液與細胞間物質之交換，行交換性功能（Exchange Function）；5.靜脈系統具備血量儲存及調節特性，稱爲容積性血管（Capacitance Vessels）。

圖 2-3 標示人類分段血管之直徑、壁厚及壁組成，主動脈直徑大約 25 mm，壁厚 2 mm，腔靜脈直徑約 30 mm，壁厚 1.5 mm，較主動脈略

大，但壁厚較小，毛細管之直徑及壁厚分別爲 8 μ 及 1 μ，爲最細小之血管，而且壁組成僅爲薄薄一層內皮細胞（Endothelium），此一特性有利物質交換。毛細管前面之平滑肌（Smooth Muscle）特化爲毛細管前括約肌（Pre-capillary Sphincter），直徑及壁厚分別爲 35 μ 及 30 μ，爲所有血管中壁厚／管徑比最大者，其收縮舒張活動，對於毛細管之通透有效表面積有重要之調節功能。此外細靜脈及小靜脈也提供了若干血管阻力，稱爲毛細管後阻力（Post-capillary Resistance），但是細動脈與小動脈之毛細管前阻力（Pre-capillary Resistance）比較，前者大約僅有後者之 1/9，毛細管前後阻力之比爲決定毛細管壓之主要因素。

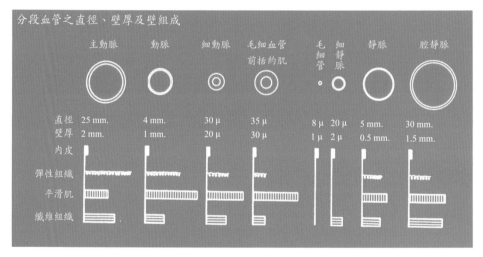

圖 2-3　體循環各部位血管段之直徑、壁厚及壁組成

循環的幫浦——心臟（The Pump-The Heart）

心臟是一個自出生（甚至在出生之前）至死亡爲止不停搏動的幫浦，沒有一個人工的機械幫浦有心臟如此長久的作用，這一個小小的器

官，其形狀及大小約如一緊握的拳頭，重僅 300 公克，卻可以不斷供應
血液給一個重 70 公斤的人達七十年或更久。在平靜狀態下，每一心室
每分鐘輸出 5 公升半的血液，因此在七十年間，即使永遠保持在平靜狀
態，每一心室輸出血液 2 億公升，兩個心室之心輸出量共達 4 億公升。
心跳約爲每分鐘 65～75 次，因此一次心搏週期約 0.8 秒，其中 0.3 秒用
於收縮，將血液打出心臟，在 0.5 秒之舒張期中，心室再度由靜脈回血充
滿。

心臟實際上爲兩個幫浦——右心及左心，每次心縮期間，約有 70～
80 毫升的血由右心進入肺循環中，同量的血由左心進入體循環。肺循環
又稱小循環，體循環又稱大循環。

身體各部所需供應的血流因情況而變，心跳、心搏量以及心輸出量亦
非一成不變，在平靜狀態下之心輸出量爲每分鐘 5.5 公升，但是經過劇烈
運動，心輸出量可增加至每分鐘 25 公升以上。增加心輸出量可由加速心
跳及加強心收縮力而達成。心臟受神經、激素及局部因素之管制而改變其
本身的功能。

循環的管道──血管（The Channels of Circulation-Blood Vessels）

通運緩衝血管（WindKessel Vessels）

包括主動脈及其分支動脈。對於血流無太大之阻力，但是具有彈
性，有膨脹及回縮之特性（Distensibility and Recoil）。當心臟收縮時，
此段血管膨脹而容納一部分血量。心臟舒張時，主動脈瓣關閉阻止血液
由主動脈回流心臟。此時大動脈血管回縮，將先前容納之血量往下推移，
此種特性產生並維持動脈的舒張壓（Diastolic Pressure），此一數值約爲

80 mmHg。如果此段血管全部換成無彈性之玻璃管，則動脈之舒張壓將與心室同樣爲 0 mmHg，而造成間歇性之周邊血流。因此通運緩衝血管使得周邊的血流較爲穩定而連續。

毛細管前阻力性血管（Pre-capillary Resistance Vessels）

此段血管包括小動脈及細動脈，形成周邊血流阻力之主要部分，血管段間之壓力差（Pressure Drop）由大動脈至毛細管間爲最大，正常情況下，血管靜液壓（Hydrostatic Pressure）由動脈壓（100～120 mmHg）下降至毛細管壓（5～15 mmHg）。因此改變此段血管之大小（直徑變化）可以影響血壓及血流。其基礎張力（Basal Tone）受神經、局部物理或化學因素等之調節，各種調節因素之重要性因器官之不同而異。

毛細管前括約肌（Pre-capillary Sphincter）

在一器官中，毛細管並非全部或時時開放。毛細管前括約肌之收縮及舒張決定毛細管開放之數量及時間，進而改變毛細管之有效交換表面積（Effective Capillary Exchange Area）。微動脈（Metarterioles）及毛細管前括約肌之間歇性縮放現象稱爲「血管舒縮運動」（Vasomotion）。

毛細交換性血管（Capillary Exchange Vessels）

此部分爲循環系統最重要之血管段。毛細管由單層內皮細胞（Endothelial Cell）構成其管壁。物質、水分及氣體經由其管壁以瀰散（Diffusion），過濾－吸收（Filtration-Absorption）及大分子輸送（Macromolecular Transport）等方式在血液及組織間液進行交換。

毛細管後阻力性血管（Post-capillary Resistance Vessels）

細靜脈及小靜脈在全部周邊血管阻力中之重要性不大，但毛細管前及

後血管阻力之比例為決定毛細管靜液壓（Capillary Hydrostatic Pressure）重要因素之一。毛細管前後阻力之總合足以影響血流，而前後阻力之比例則可以改變血量。

容積性血管（Venous Capacitance Vessels）

雖然整個靜脈系統對於血管阻力的影響不大，但是其重要性不容忽略。在循環系統中的血量有 65～80% 存在於靜脈系統之中，同時心輸出量決定於回心血量（Venous Return），因此靜脈系統可視為一血庫（Blood Reservoir）或心臟之前房（Prechamber）。其容積性受外在組織壓擠因素及交感神經等所調節。

分路血管（Shunt Vessels）

在身體若干部位，如：手指、腳趾、耳部及顏面之皮膚（狗之舌黏膜亦為一特殊例子），此種特別之血管甚為豐富，其他器官甚少此種血管。它介於細動脈及細靜脈之間，由分路直接連通，不經過毛細管，因此沒有交換物質水液之功能。其作用為調節體溫，散熱及保溫。此種分路血管之張力主要受交感神經之管制。

第三章

循環中的物質——血液及淋巴
（Circulating Substances-Blood and Lymph）

　　循環系統中流動的血液含有多種物質，氧氣及養分透過毛細管壁，供給細胞，細胞之代謝產物則進入血液之中，二氧化碳運送至肺臟呼出，其他物質則經由腎臟或肝臟予以排泄或清除。一部分組織間液進入淋巴管，淋巴液經胸管（Thoracic Duct）及右淋巴管（Right Lymphatic Duct）而注入鎖骨下靜脈之中，所以淋巴系統最終仍與循環系統相接，可視為一半循環（Semi-Circulation）。

血液（Blood）

　　血液中含有血球（Blood Cells）及血漿（Plasma），血漿約占總量之55%，主要之血球有三種：紅血球，白血球及血小板，占血液總量 45% 的血球主要為紅血球，白血球及血小板之含量相較甚少，在含量上可以忽略不計。身體之血液總量約占體重之 8%，例如一位 70 公斤的人，大約為 5,600 mL。

骨髓（Bone Marrow）

　　血液中的血球成分不斷地汰舊換新，成人的造血機構主要為骨髓。除了骨髓之外，幼兒的造血機構尚包括肝及脾。成人的骨髓如果因疾病或藥物發生抑制、破壞或纖維化的病變，肝、脾等髓外造血機構（Extramedullary Hematopoiesis）就可負責部分造血功能，在 10 歲之前，幾乎所有骨骼內之髓腔均有造血功能，隨著年齡增加，長骨的造血機能逐漸減弱，到了 20～30 歲，脛骨（Tibia）及股骨（Femur）幾乎不再生產血球，這些不活動的骨髓稱為黃髓（Yellow Marrow），一直具有製造血球機能的骨髓稱為紅髓（Red Marrow），包括脊椎骨（Vertebra）、胸骨（Sternum）及肋骨（Rib）等之骨髓。

　　骨髓造血機能與年齡有關，細胞比量（Cellularity）表示單位體積中骨髓含有之血球細胞數目，以出生時之細胞比量為 100%，各年齡所占的百分比可以表示不同年齡骨髓活動性與出生時之比較（圖 3-1、3-2）。

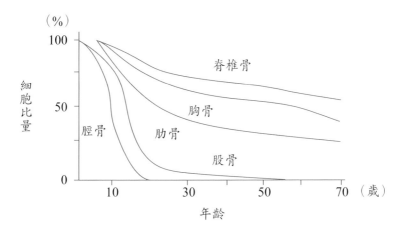

圖 3-1　各種骨髓中含有之血球細胞數目，以出生時之血球數目為對照，利用細胞比量表示不同年齡骨髓之活動性

　　所有骨髓總合重量及大小相當於肝臟，可視為人體中大器官之一，也是機能旺盛重要器官。雖然血液中紅血球的數目約為白血球 500 倍，骨髓中未成熟血球細胞，屬於白血球系統（或稱髓胞系統 Myeloid System）的數目卻占 75%，其他的 25% 屬於生成紅血球之細胞。這種血液及骨髓中紅白血球數目比例的差異乃由於白血球之壽命遠比紅白血球短暫，雖然生得多，死的也多，所以血液中白血球之數目遠比紅血球少。

　　骨髓中多元未歸屬幹細胞（Multipotent Uncommitted Stem Cells）分化成為單元或二元歸屬性祖細胞（Blast Cells），後者再分化為各種白血球或紅血球。每一種成熟白血球或紅血球均源於某一特定歸屬性祖細胞，但是單核球及組織巨噬細胞可能與顆粒球同源於相同的祖細胞。

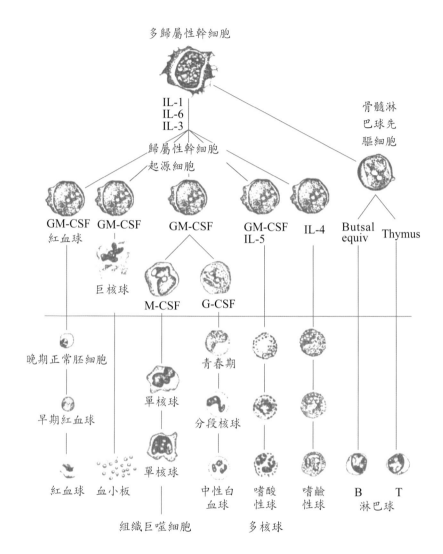

圖 3-2　血液中各種血球在骨髓中之生成及分化。血液中以成熟之紅血球白血球居多,但是除了晚期母紅血球外,在橫線以下之細胞均可能在血液中出現

紅血球（Red Blood Cells or Erythrocytes）

　　正常紅血球無核，呈平圓盤狀或啞鈴狀，平均直徑約 7.8 μ（Micro-meters），最厚部分 2.5 μ，中間最薄約 1 μ，一個紅血球平均體積 90～95 μ^3。紅血球的形狀可發生很大的變化，尤其是經過毛細管時，紅血球很像一個袋子，可以輕鬆變形，它與其他細胞不一樣，因爲無核，且細胞膜長度遠大於內合物，變形時無須牽扯細胞膜，所以不會導致細胞破裂。

　　人類血液中每 mL 含紅血球數目爲 5,200,000±300,000（男性），4,700,000±300,000（女性），紅血球之主要功能爲攜帶血紅素（Hemo-globin），藉由血紅素將氧氣由肺臟輸送到組織，另外紅血球含有大量的 Carbonic Anhydrase，此酶促進二氧化碳與水之化學反應：$CO_2+H_2O \rightarrow HCO_3^-+H^+$，因此紅血球對於 CO_2 由組織輸送到肺臟的作用也扮演重要角色，此外，血紅素本身是強力酸鹼平衡緩衝劑（Acid-Base Buffer），所以紅血球本身幾乎完全負責血液之酸鹼平衡功能。

　　正常情況下，男性血液每 100 mL 平均含血紅素 16 公克，女性含 14 公克，每一公克血紅素可以攜帶（結合）1.39 mL 氧氣，因此 100 mL 的全血攜帶氧氣之量爲男性 21 mL，女性 19 mL。紅血球數數目通常維持在一定範圍，但是如果缺氧（Hypoxia）、失血（Hemorrhage）或高山症（High Attitude Syndrome）等原因，紅血球數目增加，紅血球生成素（Erythropoietin）是調節紅血球生成之重要因素，紅血球生成素 90% 由腎臟產生，其餘部分由肝臟生成。紅血球在血液中的半衰期大約 100～120 天，主要由脾臟破壞。紅血球數目減少或形狀改變成易脆血球，會造成貧血（Anemia），數目過多，則導致紅血球增生（Polycythemia Vera or Erythrocytosis）。

白血球（White Blood Cells）

正常之白血球計數為 4,000～11,000/μl，其中以顆粒球（Granulocytes）或多型核球（Polymorphonuclear Leukocytes）最多。血液中之年輕顆粒球可能含馬蹄狀之核，但年長後，即由分節而變為多型。多數之顆粒球胞漿中含有中性顆粒，此種白血球稱為中性球（Neutrophils），少數白血球之顆粒可由酸性染料，如伊紅（Eosin）染成紅色，此種白血球為酸性球（Eosinophils），亦有更少數之鹼性球（Basophils）含可被鹼性染料著色之顆粒。除了顆粒球以外，在血中之其他白血球包含淋巴球（Lymphocytes）及單核球（Monocytes），前者具有大而圓之核，胞漿甚少；後者之核呈腎形，胞漿較多而不含顆粒。

顆粒球之功能及生命週期（Functions and Life Cycle of Granulocytes）

所有的顆粒球均含有一種髓球過氧化酶（Myeloperoxidase），分子量大約 150,000，可催化氯及其他次鹼鹽離子之生成，有助於殺死吞噬之細菌。中性球尚含有組織胺（Histamine）及肝素（Heparin），但是中性球在正常抗凝血及凝血平衡機轉中之功能尚未明瞭。酸性球有吞噬抗原─抗體聚合體之功能，通常在罹患過敏性疾病時，酸性球之含量增加。

中性球為數量最多之白血球，其主要功能為尋找、吞噬及捕殺細菌，因此稱為人體對抗細菌入侵之第一線防禦。單核球經常隨中性球之後進入細菌感染區域，亦具有吞噬細菌、異物及殺死細胞之功能，構成身體之第二線防禦。

中性球之平均壽命為 6 小時，因此一天下來，身體內大約總共有 100 億中性球死亡，骨髓在一天之內就要生成相等數目的中性球才能維持正常

之血球含量。許多中性球進入組織之中，血球潛出（Disapedesis）方式爲緩緩經過毛細管壁內皮細胞間隙變形擠出，其中進入胃腸道之中性球隨排泄物而消失。

　　當細菌入侵，骨髓受刺激而產生並釋放大量中性球，細菌之產物與某些血漿因子交互作用而吸引吞噬性血球向感染的部位集中，稱爲化學趨化現象（Chemotaxis），有趨化作用之物質包含 Kallikrein 及 Plasminogen 致活劑，由凝血因子 XII 斷裂而形成。其他血漿因子加在細菌上，抑制細菌活動，有利於吞噬，此種作用稱爲調理作用（Opsonization），主要調理素爲 Ig 免疫球蛋白以及補體蛋白（Complement Protein）。然後中性球吞噬了細菌，吞噬作用（Phagocytosis）爲胞吞（Endocytosis）之一種形式，吞噬小泡與中性顆粒摻合，而顆粒消失，去顆粒現象（Degranulation）發生後，中性球取氧量與代謝率急速增加，稱爲呼吸突增（Respiratory Burst），代謝徑路中已糖單磷酸分路（Hexose Monophosphate）活動加速，促進過氧化氫及其他過氧化物之生成，過氧化物可能與顆粒中之分解酶結合，殺死並消化細菌。

　　上面已經提過，白血球之死亡與生成間的調節十分精確，在健康狀態時，血中白血球之數目維持在一恆定範圍，當細菌感染發生時，白血球之數目急速而大量增加。血漿中之顆粒球釋放素（Granulocyte-releasing Factors）促使骨髓釋放成熟之白血球，另外，顆粒球生成素刺激骨髓中之祖細胞迅速變成成熟顆粒球。若干證據顯示，這些因子由巨噬細胞（Macrophages）生成，成熟之顆粒球亦可能生成一些因子轉而抑制白血球之生成，因此構成一負性迴饋以調節血液中白血球含量。事實上，白血球生成中之調節因素及交互作用尚有大部分並未明瞭。

單核球（Monocytes）

　　單核球同中性球一樣具有吞噬的功能，細胞內含有過氧化酶（Peroxidase）及胞漿分解酶（Lysosomal Enzymes），所有的組織巨噬細胞包括肝中之 Kupffer 細胞以及肺中之肺泡巨噬細胞其實都由血中之單核球轉變而成，這些組織中具有吞噬作用的細胞；統稱網質內皮系統（Reticuloendothelial System）。單核球因化學趨化刺激而遷移之現象以及吞噬細菌之過程均與中性球相似。此外，單核球淋巴球予以敏感化之後，可以殺滅腫瘤細胞，單核球並可合成補體蛋白及其他重要生物物質。

　　許多疾病源發於白血球之吞噬作用異常，病人抵抗力弱，容易受細菌感染，如果單獨因為中性球之吞噬功能異常，疾症可能還算輕微。加上單核球—組織巨噬細胞系統之異常，則形成相當嚴重的疾病。其中一種疾病稱為中性球遲鈍症（Neutrophil Hypomotility），歸因於中性球內之肌動蛋白聚合作用異常，因此中性球之行動遲緩。慢性肉芽腫病（Chronic Granulomatous Disease）則更為嚴重，在中性球及單核球內均無法生成氧離子，所以失去殺滅細菌之能力。最為嚴重者為先天性 G-6-P 去氫酶缺乏症（Congenital Glucose-6-phosphatede Hydrogenase Deficiency），由於缺乏此種酶，因此無法形成 NADPH 及過氧離子，此種病人容易發生多發性感染。另外一種先天性過氧化酶缺乏症（Congenital Myeloperoxidase Deficiency）則較輕微，由於大部分的殺菌功能仍然正常，所以這種病人之白血球吞噬能力只是降低，並未消失。

淋巴球（Lymphocytes）

　　一小部分淋巴球由骨髓生成，但是大部分由淋巴結（Lymph Nodes）、胸腺（Thymus）及脾臟（Spleen）製造，在這些器官中淋巴球之來源由骨髓移來之祖細胞形成。多數之淋巴球由淋巴管進入血液循環系統，每天經過胸管（Thoracic Duct）之淋巴球數目大約 3,510，不過這個數字包括由血液中進入組織，再經淋巴管及胸管而進入血液中，不止一次進出的淋巴球。我們以後將討論腎上腺皮質素（Adrenocortical Hormones）對於淋巴器官、血中淋巴球以及顆粒球之作用，淋巴球對於免疫機構的重要作用在下節討論。

免疫機構（Immune Mechanisms）

　　人體之免疫機構主要有兩類：液遞性及細胞性（Humoral and Cellular Immunity），兩類均對抗原（Antigens）產生反應。抗原通常屬於異物蛋白質，譬如細菌及外來之組織等。液遞性免疫循環血中之抗體（Antibodies），多為血漿之 r 球蛋白，為對抗細菌感染之主要防禦機構；細胞性免疫則主要由一種高分子量之物質「淋巴球素」（Lymphosines）造成，此物質為淋巴球之產物。細胞性免疫機構作用，包括：遲發性過敏反應（Delayed Allergic Reactions）、排斥移殖外來組織以及分解腫瘤細胞等。它亦為對抗病毒、黴菌以及少數細菌（如結核桿菌）之防衛機構。

免疫系統之發生（Development of the Immune System）

　　在胎兒時期，骨髓中之淋巴球前身分二路遷移，向胸腺移動者發展

成為 T-淋巴球，負責細胞性免疫。在鳥類，另一支遷移路線為向泄殖腔
附近之淋巴組織 Fabricius 囊（Bursa），形成 B-淋巴球，而負責液遞性免
疫機構。就人類而言，B-淋巴球形成之器官為肝臟及脾臟。形成之後的 T
及 B-淋巴球再往骨髓及淋巴結遷移。T 及 B-淋巴球兩者在形態上很難分
辨，但可由特別之技術加上區別，兩者均終生存在。研究證據顯示 T-淋
巴球之成熟由胸腺分泌激素所促成，胸腺激素中之 Thymosin 已經分離，
並知含有 108 個氨基酸，其中以酸性氨基酸為多，在胸腺中，尚有多種
重要的蛋白胜繼續被分離（圖 3-3）。

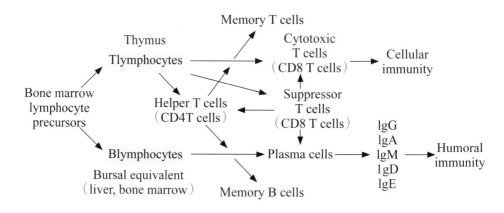

圖 3-3　免疫系統發生之基本概念

液遞性免疫（Humoral Immunity）

　　B-淋巴球在細胞膜表面有特定之抗原接受器，當抗原與細胞結合，
細胞乃被刺激而分裂，形成漿細胞（Plasma Cells），後者分泌大量的抗
體進入血液之中，屬於血漿之 r 球蛋白部分，多數之抗體因此稱為免疫球
蛋白（Immunoglobulins）。

　　體內淋巴球具有認出異物抗原的能力，而這些抗原的種類繁多，淋

巴球如何一一察覺不同種類之抗原而產生特定之抗體？晚近的證據顯示此一能力是天生的，在抗原尚未進入之前即具有這種特性。依照群落理論（Clonal Theory），祖細胞分化成為百萬以上的 B-淋巴球，每一種 B-淋巴球對特定抗原發生反應而產生特定抗體。當抗原初次進入體內，適當之 B-淋巴球即刻察覺而與之結合，B-淋巴球因此被刺激而分裂，形成一群落之漿細胞，進而產生免疫球蛋白，再反過來與抗原結合，而抑制抗原的活動。T-淋巴球在抗體形成之過程中具有雙重作用，輔助性 T-淋巴球（Helper T-Cells）加強漿細胞之活性。胸腺之中也生成一種致活性 T-淋巴球（Activator T-Cells），可以調節輔助性，及抑制性 T-淋巴球的活動，巨噬細胞也有調節抗體生成的功能。

依照群落理論，B-淋巴球之 Ig 基因數在生成過程中數目增多，到達免疫機能成熟時，Ig 基因數大量增加。每一種 B-淋巴球具有特定之 Ig，B-淋巴球與抗原接融之後，生成漿細胞群落，產生不同抗體。抗原激發漿細胞群落生成需要 T-淋巴球之參與，但是 T-淋巴球本身並不生成液遞性抗體。

免疫球蛋白（Immunoglobulins）

淋巴球—漿細胞系統生成之免疫球蛋白有五種一般型：IgG、IgA、IgM、IgD 及 IgE。每一型式之基本結構為 4 個胜鏈，其長鏈稱為重鏈（Heavy Chains），另二短鏈稱為輕鏈（Light Chains）。鏈與鏈之間由雙硫橋（Disulfate Bridge）連接，具有活動性，胜鏈之內亦含雙硫橋，長鏈在一彎曲處可以曲折，此處稱為關節（Hinge）。不論重輕鏈，前端之氨基酸排列次序變異甚大，稱為變異段（V or Variable Segment），往後之氨基酸次序變異較少，為連接段氨基酸段（J or Junctional Segment），最後段之列次序幾為恆定，稱為恆定段（C or Constant Segment）。抗原結

合之部位在 V 及 J 段（圖 3-4）。

　　多數之免疫球蛋白為單元體（Monomer），IgM 則由 5 個單元環繞
一 J 鏈形成五合體（Pentaimer），IgA 有單元體結構，亦有二合或三合體
之型式。在生物體內，由基因內的機構肇始，可由淋巴球衍生數以萬計不
同結構之免疫性球蛋白，實在是不可思議。每一免疫性球蛋白之單元分子
中有 H 及 L 二鏈，各部分的氨基酸排列次序迥異也不互相交換。每一部
位之氨基酸種類數目及排列由各別之結構性基因決定，而且在特定組染色
體上之每一基因有不同差異，可能至少有 200 V 基因及 20 J 基因，在蛋
白質生成的過程中，就可能有成千上萬個不同的排列組合，理論上，由
此程序推演而成的組合種類，不同免疫性球蛋白分子之種類數目可以高達
1,600 萬個。

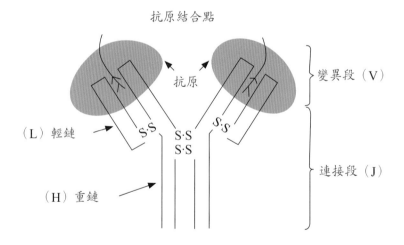

圖 3-4　人類之免疫球蛋白基本結構簡圖。圖中 H 代表重鏈，L
代表輕鏈，V 為變異段，J 為連接段，S-S 為雙硫橋，C 段則與
補體等結合，可以媒介由抗體產生之反應

單群落抗體（Monoclonal Antibodies）

　　晚近發展的技術可以由單一漿細胞變成抗體工廠，其方法爲將單一漿細胞與腫瘤細胞結合，漿細胞即可生成多量之免疫球蛋白。在動物身上，先以某種抗原或細胞打入身體內，使此動物產生免疫，然後殺死動物，由脾臟中抽取生成抗體之漿細胞，與骨髓癌細胞（Myeloma Cell）連合。骨髓癌爲 B-淋巴球之癌症變化，本身並不產生抗體，但與漿細胞連合後即形成抗體的混合瘤（Hybridoma），後者可以生成及繁殖，以一般方法將混合瘤之連結細胞分離後，單一細胞可以發展成一純種之群落而生成單一種類之抗體，稱爲單群落抗體。此種方法可藉以製造大量的純化抗體，這些抗體可用於研究或治病。

第四章

血流動力
（Hemodynamics）

　　心臟的搏動提供血液在血管中流動的能量，由於每段血管各具特性，加上若干調節因素的作用，形成心臟血管系統中血壓、血流、血管阻力及血量等因素，各因素有相互之關係。

　　血液在血管中流動如同在玻管或鋼管中之水流，若干流體動力（Hydrodynamics）的原則可以引用血流動力學（Hemodynamics），但血流與水流有兩點差異：1.血液並非一理想液體，其中除血漿外，尚有血球成分；2.血管本身具有彈性，多數血管段具有平滑肌，因此具舒張及收縮之特性，此種特性更受環境溫度、體溫、神經、物理及化學等因素之影響而改變血管之大小。

血流、血壓及血管阻力的關係（The Relationship between Blood Flow, Blood Pressure and Vascular Resistance）

　　血流如同電流，依照歐姆定律（Ohm's Law），決定電流（I）之因素爲電線兩端之電壓差（△E）及電阻（R）：

$$I = \triangle E/R$$

　　血流（Blood Flow, $\dot{Q}$），血壓差（Blood Pressuse Gradient, △P）及血管阻力（Vascular Resistance, VR）三者之間的關係如下公式：

$$\dot{Q} = \triangle P/VR$$

　　此一公式爲了解血管功能之基本關係方程式。△P 在體循環及肺循環中爲動脈壓（Arterial Pressure, Pa）減靜脈壓（Venone Pressure, Pv），周邊總血流（Total Blood Flow）在體循環中爲心輸出量（Cardiac

Qutput），因此：

> 心輸出量 ＝（主動脈壓－中央靜脈壓）／周邊血管總阻力

在肺循環則為：

> 心輸出量 ＝（肺動脈壓－肺靜脈壓）／肺循環總阻力

　　心輸出量又等於心搏量（Stroke Volume, SV）乘以心跳（Heart Rate, HR），正常人在平靜狀態下，心搏量約 80 毫升（mL），心跳約每分鐘 70 跳，心輸出量約 5,500 mL/min。

　　為了了解體及肺循環總阻力之變化，改寫上面方程式：

> 體循環周邊總阻力 ＝（主動脈壓－腔靜腔壓）／心輸出量
> 肺循環總阻力 ＝（肺動脈壓－肺靜脈壓）／心輸出量

　　心輸出量 5,500/min，大約 90 mL/sec，為方便計算，以 100 mL/sec 為度，主動脈壓及中央靜脈壓分別為 100 及 0 mmHg，因此體循環周邊總阻力（Total Peripheral Resistance, TPR）約為 1 PRU（Peripheral Resistance Unit, mmHg/mL/sec）。產生及影響周邊阻力之血管段主要為細動脈，當細動脈極度收縮，TPR 可達 4 PRU；極度舒張時，TPR 可降到 0.25 PRU。肺動脈及肺靜脈之平均血壓分別約為 14 及 4 mmHg，因此肺循環阻力大約為 0.1 PRU，是體循環之 1/10，上述血管阻力之變化為血管收縮（Vasoconstriction）及舒張（Vasodilation）之交互效果，此二名詞以後會常常出現。

　　導流度（Conductance）為阻力之倒數，表示在一定壓力差下之血流量，其單位為 mL/sec/mmHg：

$$導流度 = 1 / 血管阻力$$
$$= \ / \ \triangle P$$

平流及旋流（Streamline Flow and Turbulent Flow）

　　多數情況下，血流平穩向前流動，稱為平流，此時血流（$\dot{Q}$）與（血壓差）（$\triangle P$）成正比：

$$\dot{Q} \times \alpha \times \triangle P$$

　　壓力差（動脈壓－靜脈壓）或稱為推動壓力（Driving Pressure）均用於對抗阻力而推動血流。但是在某些情況下，血流成為旋流狀態，形成旋流之機遇與血流速度（Velocity）、血管直徑（Diameter）及血流密度（Density）成正比，而與血液黏稠度（Viscosity）成反比。在動脈分叉處較易形成旋流，形成旋流之後，一部分推動壓力消耗，血流與壓力差之關係如下公式：

$$\dot{Q} \times \alpha \times \sqrt{\triangle P}$$

　　心室內在正常狀態下亦產生旋流，心房也可能有輕度之旋流，有助血液（含氧量不同之血液）在心臟內均勻混合。當心臟收縮時，主動脈近心臟處亦可能發生旋流，此處產生旋流可以使張開之主動脈瓣浮懸，避免

主動脈瓣開放阻塞冠狀動脈，此爲旋流之好處。另一方面，血管內由於形成栓塞而狹窄時，在狹窄處後方易造成旋流，助長血小板之沉積及纖維素（Fibrin）之生成，而使栓塞擴大，血管更形狹窄。

波氏定律（Poisuille's Law）

　　正常血液的流動呈拋物線（圖 4-1），A 爲靜止之液面，左方爲含有顏料之有色液體，右方爲無色液體，當流體開始由左至右流動時，有色液形成如 B 之拋物狀流速圖（Parabolic Velocity Profile）。由於流體與管壁間之附著力，最外層之流體速度最低，中央之流速最高，因此形成分層流速差（Laminar Velocity Gradient）。Weealman 及 Hagenbach 首先以數學演算方法，將層流之拋物線狀流速加以積分，求得平均流速（υ）及壓力差（△P），管道半徑（γ），流體黏稠度（η）與管道長度（ℓ）間之關係：

$$\upsilon = \triangle P \gamma^2 / 8\eta\ell$$

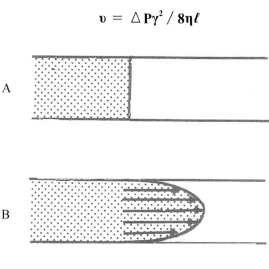

圖 4-1　拋物線狀層流（平流）之形成

Poiseuille 進一步以實驗方法，利用不同半徑及長度之小管，在改變壓力差（△P）的情況下，發現流量（$\dot{Q}$）與長度（ℓ）成反比，與半徑之四次方（γ^4）及壓力差（△P）成正比：

$$\dot{Q} = \kappa \triangle P \gamma^4 / \ell$$
$$\dot{Q} = \upsilon \, \pi \gamma^2$$

因此得下列方程式，稱為波氏定律：

$$\dot{Q} = \triangle P \, \pi \gamma^4 \,/\, 8\eta\ell$$

波氏方程式進一步表明影響血流（$\dot{Q}$）之血管及流體因素，為血流動力（Hemodynamics）之基本公式。與前述血流、血壓及阻力之關係方程式合併演算，可以了解影響血管阻力（VR）或導流度（C）之因素：

$$VR = 8\eta\ell/\pi\gamma^4 \cdots\cdots(1)$$
$$C = \pi\gamma^4 \,/\, 8\eta\ell \cdots\cdots(2)$$

這兩個血流動力公式表示影響血流及血管阻力之最重要因素為血管（主要為細動脈）之半徑，因此血管平滑肌之收縮（Vasoconstriction）及舒張（Vasodilatation）成為影響血流之重要因素，管制血管收縮及舒張之作用有神經及化學因素等，將在後面詳加討論。

血管臨界關閉壓及雷氏定律（Critical Closing Pressure and Laplace's Law）

在一無彈性之玻璃管中，水流及灌注壓呈直線關係（圖 4-2），其導流度（流量／灌注壓）直線起點處流量及灌注壓皆為 0，而導流度或管道阻力為不變之常數（除非水流太高或形成旋流現象）。

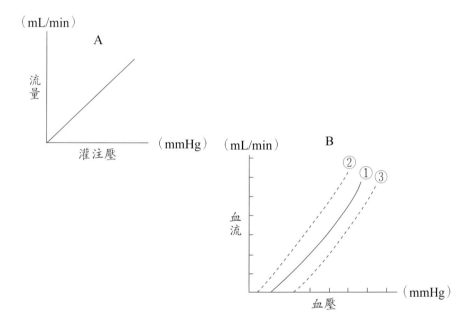

圖 4-2　流體在平直管中流量與灌注壓間的關係。A 為玻璃管中流體性質，因為阻力不變，流量與灌注壓間呈現直線關係。B 為血管中血流與血壓差（動脈壓－靜脈壓）間的曲線關係：① 血管平滑肌張力正常曲線，② 血管平滑肌張力減低之曲線，及 ③ 血管平滑肌張力增加之曲線

血管壁因為含有彈性及膠原纖維（Elastic and Collagen Fibers），所以具有被動脹縮之性質，而且血管平滑肌在神經及化學等因素作用下，具主動收縮及舒張特性，因此血流與血壓差（動脈壓－靜脈壓）之間並不

以直線關係存在（圖 4-2）。當壓力低時（因靜脈壓低，所以血壓差通常視爲動脈壓，亦即器官之灌注壓），血管半徑變小，阻力增加，導流度減少；反之，當血壓高時，血管半徑變大，阻力減少，導流度增加，形成曲線關係。當動脈壓減低至大約 20 mmHg 時，血流幾乎等於 0，此一壓力稱爲臨界關閉壓，造成此一現象有二大主要原因：當動脈壓接近 20 mmHg，動靜壓差減少至 0～15 mmHg，即使動靜壓力差不等於 0，細動脈之管腔狹窄致使血流無法流通。

　　第二原因，可以雷氏定律加以闡明，血管中張力（T）、壓力（P）及半徑（γ）之關係如下：

$$T = P \times r$$

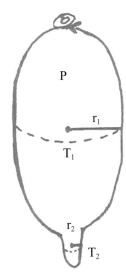

　　此種關係可由圖 4-3 爲例加以解釋，一膨脹之氣球末端未完全膨脹部分，其半徑較小，雖然壓力（P）在氣球內之各部位一樣，可是張力在中央膨脹部分較末端爲大，此一張力之差別可用手尖感覺出來。

　　在動脈血管中，當血壓接近或小於臨界關閉壓（大約爲 20 mmHg）時，其彈性成分與血管平滑肌之回縮力大於因壓力而產生之張力（Stretching Force），因而使管腔狹窄，加上血液中存有血球（主要爲紅血球），具黏稠度，血流在動脈壓接近臨界關閉壓時幾

圖 4-3　氣球中張力（T）與壓力（P）及半徑（r）之間關係 T = P×r。相同的壓力下，因爲中央膨脹部位的半徑（r_1）大於末端未完全膨脹部分（r_2），因此中央的張力（T_1）遠大於末端之張力（T_2）

近於零。血漿（Plasma）除去血球後，在血管中之臨界關閉壓較低，約爲 5～10 mmHg。

　　血管之張力包含彈性張力（Elastic Tension or Passive Tension）及平滑肌張力（Smooth Muscle Tension or Active Tension），平滑肌張力之改變造成血流－血壓曲線位移，圖 4-2 B ① 表示正常狀態下之導流度曲線，如果平滑肌張力減小，其導流度曲線左移，臨界關閉壓減至 10 mmHg 左右（曲線 ②），如平滑肌張力增加，血管收縮，導流度曲線右移（曲線 ③），臨界關閉壓可增加至 40～60 mmHg，亦即到達此壓力，血流即趨近於 0。

血量、可脹度及可容度（Blood Volume, Distensibility and Compliance）

　　血管中之血量（V）爲其橫切面（$\pi\gamma^2$）及長度（ℓ）之乘積：

$$\mathbf{V} = \boldsymbol{\pi\gamma}^2$$

　　血管之半徑因壓力（P）而改變，其血量亦因血壓而變化，血管可脹度可由下公式表示：

$$可脹度 = \frac{\Delta \mathbf{V}}{\Delta \mathbf{P} \times \mathbf{V_0}} \quad (單位：\mathbf{\%/mmHg})$$

　　例如，原有血量（V_0）10 mL，每增加 1 mmHg 血壓（ΔP），則增加 1 mL 之血量（ΔV），其可脹度爲 0.1/mmHg 或 10%/mmHg。但可容度則不考慮原有血量（V_0）：

$$可容度 = \frac{\Delta V}{\Delta P} \quad （單位：mL/mmHg）$$

由上例，可容度為 1 mL/mmHg。因此：

$$可容度 = 可脹度 \times 原有血量（V_0）$$

人體之總血量約 5,000 mL 或 5 L，動脈血量約占 20%，靜脈 65～80%，靜脈不但血量多於動脈，靜脈之可脹度及可容度亦遠高於動脈。早期之研究計算靜脈之可容度大約為動脈之 20～30 倍，但是本實驗室利用犬左右心旁道恆定灌流之實驗結果顯示，靜／動脈可容度之比值隨灌流之減少而增加，在正常之動靜壓及心輸出量情況下，比值大約僅為 6～8，而在低動靜壓及低心輸出量之情況下，靜／動脈可容度比值可達 20～30。靜脈系統不但含血量比動脈高，其可脹度及可容度亦較動脈為大，因此靜脈對於調節血量及回心血流（Venous Return）有重要之作用，有血庫或心臟前房之稱。

黏稠度因素（Viscosity Factor）

影響血流及血管阻力因素之一為血液黏稠度，血球比容（Hematocrit）決定血液黏稠度。以水為標準液，黏稠度為 1，血漿之黏稠度約 1.5，血液之血球比容為 45% 時，全血黏稠度為 3～4；血球比容增加到 60～70% 時，黏稠度為水之 8～10 倍，血球比容在 80% 以上，血液十分黏稠，此時血管阻力大增，血流因血管中血球太多，幾乎無法流通。有一種疾病稱為紅血球增生（Polycythemia or Erythrocytosis），罹此疾病之患者血球比容高達 80% 以上，因心輸出量接近於 0 而死亡。

除了血球比容之外，其他影響血液黏稠度之因素有三：

1. 血流速度：流速愈大，如果血球比容不變，則黏稠度效應愈小；反之，流速愈小，黏稠度效應愈大，此種結果造成紅血球在低流速中易形成轉動（Rotation）不規則排列（Random Alignment）及易與管壁黏聚（Adhesion）等現象。而在高流速情況下，紅白球之長軸與血流方向平行，而且多集中於血管中央，形成軸行平流（Axial Streamline），減少與管壁之黏聚。

2. 血管直徑：血管之直徑小於 1.5 mm 後；其黏稠度效應較小，因為紅血球在小血管中形成不規則之排列機會減少，易形成規則單列通過，尤以毛細管中為然，此種效應稱為 Fahraeus-Linguist 效應。但是，另一方面由於毛細管中流速緩慢，紅血球易與管壁黏聚，因此黏稠度效應增加。因此由於兩種效應相反的結果，毛細管中之黏稠度效應與大血管者差異不大。

3. 溫度：溫度增加時，紅血球與管壁黏聚之機會減少，黏稠度效應減低。

血球比容增加時，黏稠度增加，心輸出量可因此降低；另一方面由於血紅素增加，氧氣含量（Oxygen Content）也增加。氧氣輸送（O_2 Transport）等於心輸出量與氧氣含量之乘積，此二因素因血球比容之變化而有相反之增加（圖 4-4），在血球比容為 45% 時，氧氣輸送為最高，所以正常之血球比容為理想血球比容（Optimal Hematocrit）。

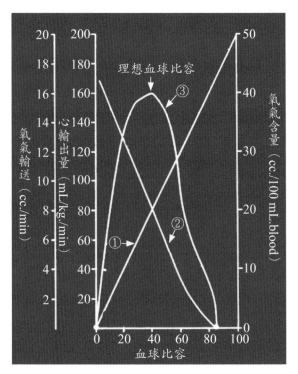

圖 4-4　血球比容，氧氣含量 ①，心輸出量 ②
與氧氣輸送 ③ 間之關係。血球比容增加，心輸
出量減少，而氧含量增加；血球比容減少，心輸
出量增加，而氧含量減少。心輸出量×氧含量＝
氧氣輸送，氧氣輸送在血球比容於 45% 左右時
最高，此一正常之血球比容稱為理想血球比容

完整血流動力（Complete Hemodynamics）

　　波氏定律僅描述血流、血壓及血管阻力之影響因素，包括血管
半徑、長度及血液黏稠度。波氏定律所規範者可稱爲穩態性血流動力
（Steady Hemodynamics）；波態性血流動力（Pulsatile Hemodynamics）
包括血壓波及血流波之前進波（Forward Wave）與後退波（Backward or

Reflection Wave）、心室作功（Ventricular Work）、動脈阻抗（Arterial Impedance）及動脈可容度（Arterial Compliance）等因素。完整之血流動力應包含穩態性及波態性血流動力，測量及計算波態性血流動力之方法為利用一種 Millar 導管由頸動脈或股動脈插入，經主動脈進入左心室，此導管具三個微小傳能器，可分別記錄左心室壓（Ventricular Pressure）、主動脈壓（Aortic Pressure）及主動脈血流速度（Aortic Flow Velocity），取主動壓波與血流速度波利用電機工程之數學公式計算出各種穩態性血流動力因素，基本之數學演算為傅立葉轉換（Fourier Transform），以求得主動脈壓與血流速度之頻譜（Power Spectrum），亦即利用頻譜分析（Spectral Analysis）獲得動脈阻抗等波態性參數。本實驗室由 1977 年開始，與臺大電機系合作，在國內成功發展紀錄及計算波動性血流動力之技術，利用大鼠（正常及高血壓鼠）、狗、貓及人類為對象，研究高血壓、血管作用藥物及其他生理病理狀態下之血流動力變化、效應與作用。

第五章

心臟構造與功能
（The Structure and Function of the Heart）

心腔（Cardiac Chambers）

哺乳類的心臟具有四個腔室——右心房、右心室、左心房及左心室。兩個較薄的心房由房中隔分爲左右，而較厚之心室由室中隔分開。心房與心室之間以及心室與動脈之連接處均有特殊構造之瓣膜存在，此種瓣膜之功能在防止血液逆流，提供單一方向的血流，圖 5-1 表示心臟血液入流及出流方向，由上下腔靜脈（Superior and Inferior Vena Cava）回流的血液進入右心

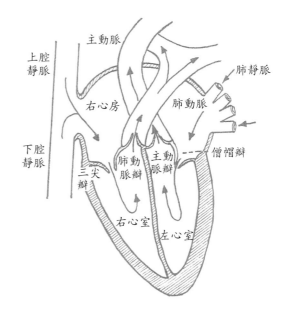

圖 5-1　心腔以及血液的流向

房，經過三尖瓣（Tricuspid Valve）進入右心室，再由此將血液打入肺動脈（Pulmonary Artery），肺動脈與右心室之間具有肺動脈瓣（Pulmonic Valve）。由肺部回心之血液經由肺靜脈（Pulmonary Veins）進入左心房，再經過僧帽瓣（Mitral Valve）〔或稱二尖瓣（Bicuspid Valve）〕進入左心室，左心室收縮，血液衝開主動脈瓣（Aortic Valve）流入主動脈（Aorta）分布全身。

心臟傳導系統（Conduction System of the Heart）

心臟是一個自出生以後即具有節律跳動的器官，事實上，大約在第

十九天胚胎生命中形成的心管（Cardiac Tube），已經有了節律性的收縮與舒張現象，在胎兒出生前，由母親腹部可聽到或摸觸到心跳，兩棲類的心臟取出浸泡於 Ringer-Locke 溶液中，可在體外持續規律跳動數天之久，哺乳動物心臟藉冠狀動脈供給養分，如果取出於體外之後，以血液或適當溶液灌注冠狀動脈，亦可繼續節律搏動達數小時。此種節律性搏動之起源與傳播，憑藉特殊構造之組織進行，心種組織稱為心臟的傳導系統（圖 5-2）。

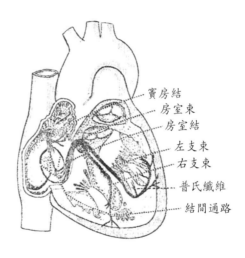

圖 5-2　心臟之傳導系統

　　心跳之起源發生於竇房結（Sino-atrial or S-A Node），竇房結位於右心房後壁，在上腔靜脈入口處之內下方，由此發生之神經衝動迅速傳至房室結（Atrio-ventricular or A-V Node），傳導之徑路可能經由心房壁之結間通路，亦可能經由心房之特殊傳導纖維（房室束）。

　　房室結之構造與竇房結相似，位於房中隔之右後緣，靠近冠狀靜脈竇之入口。由竇房結發出之神經衝動（Nerve Impulse）在房室結及其附近之傳導組織經過相當時間的延遲之後，往下傳達 His 束（Bundle of His），

再分爲左右分束，進入左右心室之普氏（Purkinje）纖維，普氏纖維相當粗大，所以傳導速度頗快，使得由上傳下之神經衝動能夠迅速地傳遍整個心室。

正常狀態下，竇房結稱爲心臟的起步者（Pace Maker），因爲竇房結有自動興奮的特性，其動作電位（Action Potential）或神經衝動之頻率即爲心跳，竇房結以下之傳導系統完全受竇房結傳下之動作電位所支配。在某些情況下，心臟傳導系統之任一部位均可變成起步者，心臟失去節律性跳動，而形成心律不整（Cardiac Arrhythmias）。

心臟收縮系統（Contractile System of the Heart）

除了特殊構造及功能的傳導系統外，心肌因竇房結傳達之神經衝動而收縮。心房之肌肉較薄，具有兩種不同走向之肌肉系統，一種共同環繞左右二心房，另一種以房中隔爲界，左右心房各有一組，其走向與第一種肌肉垂直，心房之收縮力雖然輕微，但有助於血液流入心室。

心室之肌肉多而厚，左心室又較右心室爲厚，心室具有多層螺旋狀之肌肉，而且在心室內形成樑狀肌（Trabeculae Corneae）或乳突狀肌（Papillary Muscle）。在普通顯微鏡下，心肌由柱狀之肌纖維（Muscle Fibers）所構成，心肌纖維一邊分岔，一邊聯合。心肌與骨骼肌相似，呈現橫紋（圖 5-3）。

心肌纖維實際上由一連串之心肌細胞（Myocardial Cells 或 Cardiomy-cytes）連接而成，每一肌細胞約長 100 微米（μ），寬 15 微米，內含細胞核、粒線體等構造，細胞之外膜稱爲肌鞘（Sarcolemma），肌鞘內有無數具有橫紋之肌絲（Myofibrils）。兩個肌細胞間之細胞膜連接而成肌間盤 （Intercalated Disc） （圖 5-3），肌間盤之電阻遠較一般細胞膜爲小，接近零電阻，因此神經衝動或動作電位可以毫無阻礙地由心肌細胞傳

肌間盤

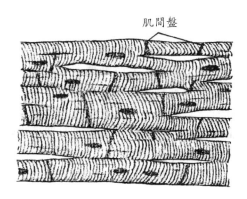

圖 5-3　心肌纖維的構造

導至連接的細胞，所以心肌稱爲一聯體細胞（Syncytium）。因爲這一特性——所謂的「全或無」定律（All or None Principle）——不僅適用於單一肌纖維，亦可通用於整個心肌聯體細胞。心臟之功能聯體可分離爲心房與心室兩者，被圍繞於瓣膜環四周的結締組織所分隔，只藉 His 束聯絡兩者間之神經衝動。

　　進一步利用電子顯微鏡觀察肌絲之超顯微構造（圖 5-4），可以了解心肌收縮成分之最基本單位，每一肌絲與鄰近橫紋間爲——肌小節（Sacromere），寬約 1 μ，長 1.5～2.5 μ（平均 2.2 μ），在肌絲小節中，又含有許多交叉排列的肌蛋白微絲，主要有肌動蛋白微絲（Actin Filaments）及肌球蛋白微絲（Myosin Filaments）兩種，圖 5-4 顯示此兩種蛋白微絲之排列，其方式與骨骼相同，在肌小節兩端有較黑之 Z 線，肌動蛋白微絲由此向內延伸，而肌球蛋白則由中央 H 區向外延伸，形成長度大約 1.5 μ 深色 A 帶；兩個相鄰肌小節間以 Z 線爲中央，左右合成淺色之 I 帶，爲缺乏肌球蛋白處。當心肌收縮時，肌小節變短，肌球蛋白微絲不動，肌動蛋白微絲向中央攏收，因此 Z 線間之距離及 I 帶（向中央之半段）均變小。

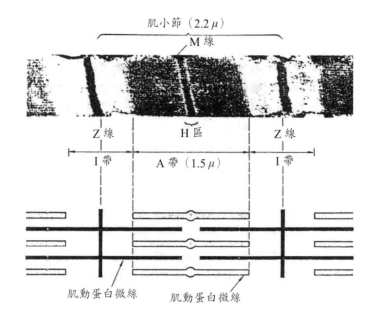

圖 5-4　心肌絲之超顯微構造，此略圖顯示肌小節中肌球與肌
動蛋白微絲的排列，橫紋帶線及區間的關係

興奮收縮聯合（Excitation-Contraction Coupling）

　　依照 H.E. Huxley 及 A.E. Huxley 等人之肌絲滑動理論（Sliding
Filament Hypothesis），在肌動蛋白與肌球蛋白微絲具有一類似橋梁的
構造，此種橋梁構造由較粗大之肌球蛋白微絲向較細小的肌動蛋白微
絲延伸過來，當心肌收縮時，因為鈣離子的存在，加上肌球蛋白微絲
中 Adenosine Triphosphate（ATP）分解，促得橋梁結構搭上了肌動蛋
白微絲，而拉攏後者向中央滑動，這時兩種蛋白結合而成肌動球蛋白
（Actinomyosin）。當心肌舒張時，鈣離子被回收而減少，肌動球蛋白還
原為肌動蛋白及肌球蛋白微絲。

　　欲明瞭一個興奮波（神經衝動）如何發動上述心肌收縮的作用，首

先要了解肌漿網狀組織（Sarcoplasmic Reticulum）的結構，此種網狀組織形成縱走與橫走小管（Longitudinal Channels and Transverse Tubules），實際上為膜狀物所構成，包圍肌絲，一部分小管與肌鞘相通，當竇房結自動去極化而產生動作電位經傳導系統向下傳播時，心室肌肌鞘也產生興奮波，繼之橫向小管興奮，心肌收縮所需鈣離子由橫向小管釋放，經由內部網狀系統到達肌絲；或經一尚未十分確定之過程，鈣離子直接由內部網狀釋放。不論如何，因神經衝動而釋放鈣離子啟動上述蛋白微絲滑動收縮反應，此一過程稱為興奮收縮聯合，在一功能上為聯體細胞的心肌中，一肌小節之興奮，即帶動整個心肌聯體興奮。心肌收縮之後，肌漿網狀組織將鈣離子回收，肌絲上之鈣離子濃度迅速下降，隨之心肌還原為舒張狀態。

心臟的收縮與幫浦作用（The Contractile and Pumping Function of the Heart）

心肌興奮的順序（The Sequence of Myocardial Excitation）

竇房結，這個心臟的起步者具有自發興奮的特性，一個脈衝由此發出之後，經過心房壁或心房之特殊傳導纖維迅速擴散整個心房，如同在一池水中投擲石塊造成擴散漣漪一樣。興奮波在心房傳導速度大約每秒一公尺，興奮波由竇房結開始到達房室結之時間僅 0.08 秒，由興奮收縮聯合的觀點，心房的興奮在心電圖上表現一個 P 波，繼之為心房的收縮。

房室結的傳導速度最慢，約每秒 0.05 公尺，僅為心房傳導速度之 1/20 而已，因此興奮波通過房室結又費時 0.08～0.12 秒，由於這一延遲，在興奮波到達 His 束之前，心房的收縮幾乎已經完成。

興奮波通過房室結之後，又迅速傳導，在 His 束及 Purkinje 纖維中之傳導速度最快，約達每秒 2～4 公尺，為心房之 25～50 倍，房室結之 40～80 倍。心室的內膜（Endocardium）較早興奮，樑狀及乳突肌首先收

縮，然後興奮波由內向外傳播，很快地興奮整個心室，心室興奮的綜合
表現在心電圖上為一 QRS 綜合波，QRS 波之同時為心室收縮的開始（圖
5-5）。

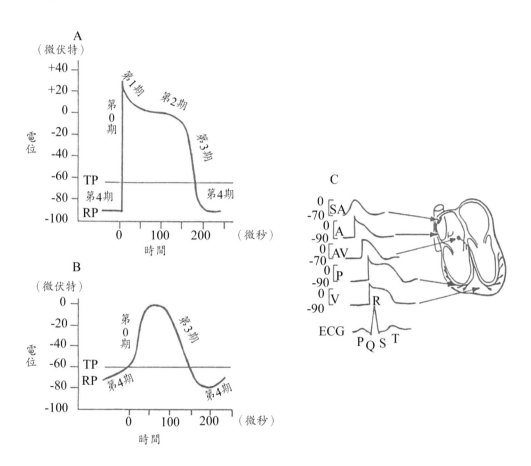

圖 5-5　心臟細胞的動作電位順序與心電圖各期波之關係。A：非自動性（非起步
者）細胞；B：竇房結起步者細胞；C：各部位動作電位發生的次序及形態，以
及同時間心電圖（ECG）上 P、QRS 及 T 波。SA：竇房結；A：心房；AV：房室
結；P：普氏纖維；V：心室。心室非自動性或非起步者細胞動作電位（A）缺乏
第 4 期自動去極化，但具 1 及 2 期高原期；而竇房結自動化或起步者細胞動作電
位特點為第 4 期自動去極化，但缺 1 及 2 高原期

動作電位與心肌收縮（Action Potential and Myocardial Contraction）

　　心肌的興奮波以電生理的觀點爲心肌細胞之動作電位，心肌細胞動作電位有其特性，初期的尖峰（Spike）電位之後，細胞膜並不迅速再極化（Repolarization），而停留在持續 0.15～0.30 秒之去極化（Depolarization）狀態中，形成一動作電位的高原期（Plateau）。心肌細胞去極化的時間約爲骨骼肌細胞之 20～50 倍，因此收縮期也相對延長，心房之收縮期約 0.15 秒，心室約 0.3 秒。

　　心肌細胞動作電位的高原期除了表現收縮延長的特點外，另一特點爲心肌細胞具乏興奮期（Refractory Period）。在動作電位之尖峰以及高原前期爲絕對乏興奮期，約 0.25 秒，在這期間任何刺激均無法使心肌興奮，不改變原有動作電位的形態。在高原後期及再極化期間，爲相對乏興奮期，約 0.05 秒，剛興奮過的心肌仍可因刺激而再度去極化，但興奮閾（Excitation Threshold）提高，刺激的強度要加大才能再引起去極化而興奮。

　　動作電位的幅度（Amplitude）越大，時間（Duration）越久，心肌的收縮強度也越大，幅度與時間決定興奮收縮過程中鈣離子釋放進入肌蛋白微絲的量，由此影響心肌收縮的強度。心跳加速時，動作電位及心肌收縮的時間均可能相對縮短，但是心縮期與舒張期之比例反而增加。正常心跳情況下，收縮期可占心動週期的 40%，心跳增加爲正常之 3 倍時（大約每分鐘 200 跳以上），雖然心縮期與心舒期均縮短，但心縮期可占心動週期之 60% 以上，在這種情況下，心肌沒有充分的鬆弛時間，心腔在心舒期的充注血液也就不能完全，心搏量反而減少，因此心跳變快，心輸出量不一定增加。

心動週期（Cardiac Cycle）

　　心動週期，包括：心縮期（Systole）及心舒期（Diastole）。心臟舒張時，由靜脈回流的血液經心房進入心室；心臟收縮時，血液由心室打出。一個心動週期又分為若干細節，因為心臟及瓣膜的機械作用，產生心房、心室以及動脈間壓力及容量的變化，這些變化與心電圖及心電室之間的關係可以圖 5-6 來表明敘述。

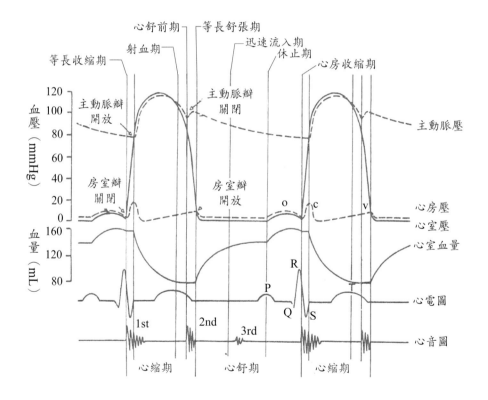

圖 5-6　心動週期發生的變化。主動脈、左心房與左心室血壓的升降，左心室血量的增減及心動週期與心音的關係，心音產生時間及上述變化與心電圖的相對關連

心動週期與心電圖（Cardiac Cycle and ECG）

有關心電圖的細節將在第六章詳加討論，心電圖是心臟興奮波（動作電位）的一種綜合表現，心電圖與心動週期的關係表示心臟電生理與機械作用間的關連。有關傳導系統與心肌興奮的次序已在前敘述，P 波乃心房去極化之結果，P 波之後為心房收縮，心房壓力增加（心房壓 a 波）。PQ間隔為房室結傳導延緩的結果，QRS 代表心室去極化，引起心室收縮，致促心室壓急速上升。T 波代表心室再極化，在心室收縮結果後出現，隨後心室開始舒張。

心房的機械功能（Mechanical Function of the Atrium）

心房收縮發生在心室舒張期之末，因為心室本身舒張的緣故，大量的血液已經由心房進入心室，在心房尚未收縮之前，心室血液的再注滿（Re-filling）約完成 70～80%，心房收縮雖然幫助心室血量增加，但僅占心室注滿量之 20～30%。即使沒有心房收縮，心臟在平靜狀態下仍然有效工作，在運動狀態下，因為心輸出量需要大量增加，由心房收縮幫助心室注滿的效果就顯得較為重要。

在心動週期中，心房壓的變化表現三個波（圖 5-6），心房收縮之時產生一個 a 波，與心室收縮之同時產生一個較明顯之 c 波，因為心室收縮開始時，少量之血液由心室逆流到心房，同時關閉的房室瓣（僧帽瓣）因為心室壓增加而稍向心房突出，另外造成 c 波的一個因素是心室收縮時牽動一部分心房肌肉而使心房壓增加。υ 波則發生於心室收縮之末期，此時房室瓣尚未完全開放，靜脈回流慢慢在心房中滯積而造成 υ 波，當心室開始舒張，房室瓣開放後，血液迅速由心房流入心室，υ 波自然消失。

心室的幫浦功能（Pumpring Function of the Ventricule）

心室舒張完畢後，心室已充滿了血液，等待心室收縮排出積留的血

量。心室收縮一開始，心室壓急速上升，房室瓣立刻關閉（圖 5-6），接下來約 0.02～0.03 秒的時間，左心室壓增高至超過主動脈壓（右心室壓則超過肺動脈壓），此時主動脈瓣及肺動脈瓣開放。在這一段短暫的時間，心室只有收縮，張力增加，但因兩頭的瓣膜均在關閉狀態，心室並未排出血液，心室內之血量並未發生改變，肌肉纖維實際上並不縮短，這個情形如同用力握緊拳頭一樣，因此這一時期稱爲等長收縮期（Isometeric Contraction）。當心室壓超過動脈壓而推開瓣膜（主動脈瓣與肺動脈瓣）之後，血液由心室迅速射出，這一時期稱爲射血期（Ejection），大約一半的心輸出量在射血期之前 1/4 已經由心室排出，餘下的一半則以較緩的流速排出。在心縮期的最後 1/4 或 1/5，心室肌肉雖然仍舊在收縮狀態，但是幾乎沒有血液由心室排出流入動脈中，這段時期稱心舒前期（Protodiastole），此時心室及動脈壓同時下降，因爲血液由心室排出於動脈之中發生的動能（Momentum）在心縮晚期轉變成大動脈的壓力，因此動脈壓略高於心室壓。

心室收縮結束之後，心肌開始鬆弛，心室壓急速下降，大動脈壓遠高心室壓，使主動脈瓣或肺動脈瓣關閉，此時房室瓣尚未打開，在 0.03～0.06 秒間，沒有血液在心室中進出，這一段心室開始放鬆的時期稱爲等長舒張期（Isometeric Relaxation）。等到心室壓下降接近 0 mmHg，心房壓略高於心室壓，房室瓣開啓，大量的血液由心房流入心室，心動週期於是進入迅速流入期（Rapid Inflow or Rapid Filling），這段期間約占心舒期的前 1/3，心室血液的流注已經大部分完成，接著的 1/3 心舒期間僅有少量血液由心房流入心室，稱爲休止期（Diastasis）。當心室還在舒張的最後一段時間，心房收縮，注入一部分額外的血量進入心室，而完成心室在心舒期間的注滿，這段時間稱爲心房收縮期（Atrial Systole）。由此開始，重新發生另一個新的心動週期。

瓣膜功能及心音（Function of the Valves and Heart Sounds）

　　瓣膜的功能在防止血液逆流，心臟具有四個瓣膜，心臟四個瓣膜的名稱已在前面約略介紹，房室瓣介於心房與心室之間，在右心者爲三尖瓣，在左心者稱爲二尖瓣或僧帽瓣（圖 5-7）。房室瓣在心室等長期收縮期一開始，心室壓略高於心房壓時，就被動地關閉，因爲房室瓣較細薄，由心室到心房間只要一點逆流產生即可關閉，房室瓣關閉的音調較低，但振動持續較久，造成第一心音。主動脈瓣及肺動脈瓣因形成半月狀，又稱半月瓣（Semilunar Valve）（圖 5-7），半月瓣較厚，需要較大的壓力逆差或

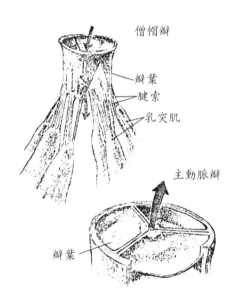

僧帽瓣

瓣葉
腱索
乳突肌

主動脈瓣

瓣葉

圖 5-7　僧帽瓣（二尖瓣）及主動脈瓣。箭頭顯示血流方向。瓣葉藉腱索與乳突肌相連，後者爲心室內壁之乳突狀肌肉，它的功能不在幫助瓣膜關閉，而是當心室收縮時，拉緊房室瓣以防瓣膜向心房過度突出

逆流才能使它關閉，因此雖然在心舒前期主動脈壓已略高於心室壓，主動脈瓣通常要等到等長舒張期開始時才關閉。半月瓣的關閉造成一音調較高而時間較短的第二心音，利用聽診器（Stethoscope）可偵聽辨別此二心音。此外，在正常人，尤其是年輕人身上還可出現第三心音，通常發生在心舒期中間，第三心音產生之原因可能由於血液急速流入心室，而造成心室壁振動，運動中或由立姿變臥姿情況下，靜脈回流增加，第三心音會變得明顯。當心房收縮時，有時可利用心音儀（Phonocardiogram）記錄出第四心音，平常用聽診器難以聽到。

　　半月瓣開放發生在等長收縮期之後，此時左心室壓超過主動脈壓，致使主動脈瓣開放；右心室壓高於肺動脈壓，使肺動脈瓣開放。房室瓣則在等長舒張期後開啟，此時心房壓略高於心室壓。瓣膜開放過程較關閉緩慢，通常不會產生任何聲音，但是如瓣膜發生病變，產生狹窄而致開放不全，則會造成雜音（Murmurs），瓣膜關閉不全而導致逆流，也會形成雜音，醫師經常可利用雜音發生的時間及音調等，診斷心臟瓣膜開放或關閉不全之病變，抑或其他心臟的缺損。

心室容積曲線及心搏量（Ventricular Volume Curve and Stroke Volume）

　　圖 5-6 也同時表明心室容積在心動週期的變化，在心室舒張完畢之時，心室內約有 130 mL 的血量，稱為心舒末期容量（End-diastolic Volume）。心室收縮一次大約排出 70～80 mL 的心搏量（Stroke Volume），剩餘的血量大約 50～60 mL 稱為心縮末期血量（End-systolic Volume）。在第四章已討論在各期中進出心室的血量占心室流注量以及心搏量之比例，心搏量與心跳之乘積即為心輸出量。

　　心搏量等於心舒末期容量減去心縮末期容量，當心臟收縮力增強，心

縮末期容量可減至 10～30 mL。另一方面，如果靜脈回流增加，心舒末期容量可增加到 200～250 mL，心搏量可增加為平靜狀態下的 2～3 倍，心輸出量也相對增加。

　　心搏量為每次心跳所排出的血量，以正常心跳每分鐘 70 跳計算，心輸出量大約每分鐘 5,500 mL：

$$心輸出量 = 心搏量 \times 心跳$$

　　上述公式可以用來說明影響心輸出量之基本因素為心搏量及心跳。在運動之後，心搏量及心跳可以各增加 2～3 倍，心輸出量增加 4～9 倍，視運動之強度及時間而定。

第六章

心電圖與心律不整
（The Electrocardiogram and Cardiac Arrhythmia）

正常心電圖的特性（The Electrocardiogram）

在第五章中，有關心臟傳導系統脈衝的傳遞，以及心肌興奮的順序已詳加討論。心肌因為去極化的先後，去極化與未興奮部位間產生電位差（Electrical Potential Difference），如果以電極在適當位置記錄心肌電位差，可以描記心臟在心動週期間產生的電位，由於體液是一良好導體，在體表上放置電極即可記錄心電圖。

正常心電圖包含 P 波、QRS 綜合波以及 T 波。在同一人身上，這些波形的極性及大小依電極之放置部位而有不同。圖 6-1 表明一正常心電圖 P、QRS 及 T 波之形狀、幅度及時間。P 波的形成是由於心房的去極化，QRS 波則由於心室的去極化而造成；由於室中隔首先去極化而且方向為左至右，形成一較小的 Q 波，較大的 R 波記錄室中隔及左心室去極化產生的電位，S 波則代表心室壁最後由心尖向心房端去極化的電位。心室肌去極化後約 0.10 秒，再極化開始，然後約需 0.20 秒的時間再極化完成，心室的再極化也有部位的先後，當然也造成電位差，因此形成 T 波。如果再極化的次序或相位與去極化相同的話，理論上 T 波應該與 R 波的極性或方向相反，但事實上 T 波與 R 波極性相同，在心室肌去極化的過程中，室中隔去極化最早，心內膜（Endocardium）比心外膜（Epicardium）去極化早，但再極化卻不由室中隔優先，也不由心內膜向心外膜再極化，心室肌再極化的順序是由心尖（Apex）的心外膜向心內膜及室中隔。造成這種反常次序的理由是：心臟收縮時，心室內的高壓力減少了冠狀動脈分配於心內膜及室中腔的血流，因為缺氧，心內膜及室中隔有較長的去極化期，也延緩了再極化的產生。心房的再極化也造成心房 T 波，但是發生時間與 QRS 波一致，心房 T 波被較大的 QRS 波掩蓋，只有在某些異常狀態下，心房 T 波才會出現在心電圖上。另外 T 波之後，

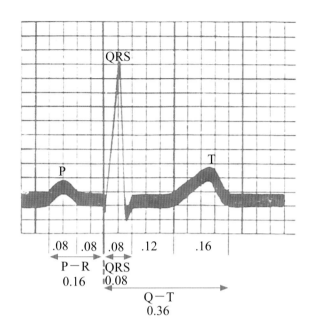

圖 6-1　心電圖，P、QRS 與 T 波之形狀、極性及
時間

有些正常人的心電圖會出現一個小小的 υ 波，可能由於乳突肌較慢再極化
所形成。

　　由 P、QRS 及 T 波間可劃分幾個間隔（Interval）及持續時間
（Duration）（圖 6-1），PR 間隔由 P 波之前頭到 Q 波或 QRS 波起始
處，時間 0.12～0.20 秒（平均 0.16 秒），此一間隔包括心房去極化加上
脈衝經過房室結所需時間。ST 間隔由 S 波完畢到 T 波開始，等於 QT 間
隔減除 QRS 時間，約 0.28 秒，是心室去極化（興奮）完成到再極化（恢
復）完成所需時間。另外有 PR 節（Segment）及 ST 節，前者代表心房去
極化完成到心室去極化開始之時間，大約 0.08 秒，後者代表心室去極化
完成至再極化開始之時間，大約 0.12 秒。

心電圖記錄方法——心電圖電極導線（Electrocardiogram Recording-The ECG Leads）

　　心電圖紀錄儀實際上為一高速度記錄的電表，1903 年荷蘭醫師威廉・安梭文（William Einthoven）改進心臟電位的記錄方法，在此之前，荷蘭雷登醫學院生理學教授奧格斯特・瓦勒創造第一個記錄心臟活動的儀器，他利用玻璃管垂直插入硫酸中，玻管內裝有水銀，藉著金屬線接觸病人身體而引導電流到水銀柱，由於心臟跳動而產生電流導致水銀在玻管中跳動，並且順序將跳動記錄在紙上。這種儀器的缺點為不夠靈敏，操作困難，並非一般醫師可簡易使用，此外，此一笨重儀器僅能在實驗室使用，無法在病房偵測。安梭文在生理學科觀察瓦勒教授的心動儀很久，知道它的原理及缺點，且不斷改進，構想不要利用水銀柱的跳動，而利用電極線路來引導電流，迅速而精確傳導心臟的電流。有一天，他看到哈雷大學史維格教授發明的電流計，那是一個檢查電流存在的簡單儀器，由石英做成的線圈，放在一塊磁鐵的兩極之間，電流經過磁場，即使很微弱的電流也會令線圈立即振動。安梭文利用電流器加上一個映字器具，製成一個高敏感度的紀錄儀，用以記錄心臟的行動。安梭文於 1903 年完成的心電圖儀雖然增加了靈敏度，但仍然既大又笨拙，經過多年及後世的不斷精心改良，進步到現在的心電圖儀，當電流計藉著金屬導線與病人連結時，紀錄儀上纖細的線就跟著病人的心跳移動，每一移動都被細線放大，而顯現一條凹凸波浪狀的連線。更進一步，可攜帶式的輕巧心電圖不但在實驗室可以使用，亦可隨時帶到病床邊，迅速記錄心電圖，由病人的心臟寫下自己的情況，讓醫師去判讀診斷，亦可用於動物實驗，研究心臟跳動的變化。

　　現代的心電圖儀不用墨筆描記，而用金屬筆，金屬經通電加熱，在特別處理的紀錄紙畫出圖形，紀錄紙行走的速度可以改變，通常每秒 25 公

厘，因此每隔 5 公厘的兩條粗垂直線間爲 0.2 秒，細垂直線間距 1 公厘爲 0.04 秒（圖 6-1）。一般使用的記錄靈敏度爲 1 公分幅度等於 1 微伏特（mv）。

　　記錄心電圖，因電極的位置有不同的導線（Lead），電極可置放於食道，甚至心臟之中，但是除非有特別目的，臨床上通常記錄十二種導線的心電圖，包括三個標準雙極肢導線，三個加強單肢導線以及六個單極胸導線：

標準雙極肢導線

　　將電極固定於四肢，記錄電極放置於右手、左手及左腳，另外右腳之導線當作接地線，選擇兩個肢體電極分別爲正負極，圖 6-2 表示標準兩肢導線之記錄方法，畫於胸部之三角稱爲安梭文（Eintoven）三角，三角分別表示右手、左手及左腳之電極（電極亦可置於胸部之右左下三角），標準雙極導線之第一導（Lead Ⅰ）以右手電極爲負，左手電極爲正；第二導（Lead Ⅱ）之負極置於右手，正極於左腳；而第三導（Lead Ⅲ）之正負極分別置於左腳及左手。顯示之紀錄爲圖 6-3 中所示之Ⅰ、Ⅱ、Ⅲ。

加強單極肢導線

　　原來之單肢導線稱爲 VR、VL 及 VF，記錄之方法爲將正極分別置於右手、左手及左腳，而另一極爲中性電極（Indifferent Electrode），現在常使用者爲加強單極肢導線，正極之放置與以上之單極導線相同，而以另外二肢之連線爲負極，分別稱爲 aVR、aVL 及 aVF，由下列推算，可知加強單極肢導圖形不變，但幅度比原來單極肢導增加了一半：

$$aVR = VR - \frac{(VL + VF)}{2}$$

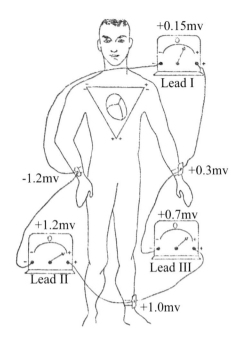

+0.15mv

Lead I

-1.2mv

+0.3mv

+0.7mv

+1.2mv

Lead III

Lead II

+1.0mv

圖 6-2　標準雙極肢導線及安梭文三角

因爲 VR＋VL＋VF＝0（稱爲 Einthoven）定律，所以 aVR＝1.5VR，aVL 及 aVF 亦以此類推。

單極胸導線（Chest Leads）

將心電圖儀之正極置於胸前六個不同部位，另一極爲中性電極（先連接右手、左手及左腳，再接至心電圖之負極）。這六個胸導線記錄出來的心電圖由右至左順序分別爲 V_1、V_2、V_3、V_4、V_5、V_6。圖 6-4 標明六個胸導線電極的位置，正常的心電圖形及幅度如圖 6-3 所示。每個胸導線主要記錄其電極正下方心肌的電位，心室的病變特別容易由胸導線看出。V_1 及 V_2 主要代表右心室的電位，V_5 及 V_6 代表左心室電位，而 V_3 及 V_4 則介於其中。

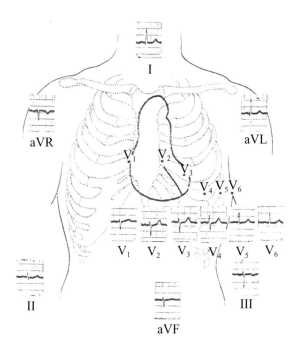

圖 6-3　十二種導線所記錄之正常心電圖

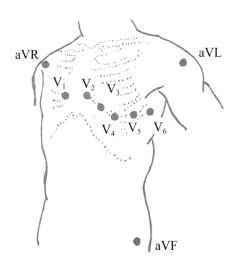

圖 6-4　三種加強單肢導線（aVR、VR
及 aVF）以及六個單極胸導線（V₁～
V₆）之放置部位

心律不整（Cardiac Arrhythmia）

心電圖之診斷價值主要在於心肌之三種病變：心肌缺氧、栓塞以及肥厚，三種病變在心電圖上的特殊表現如 ST 節及 T 波變化，胸導極記錄幅度增加等均提供診斷參考。

由心電圖紀錄可以直接讀出心律的異常，稱為心律不整。心律不整約略分成三種：1.異常竇性律；2.傳導阻礙異常律，以及3.異位起步者，或稱額外收縮、異位收縮。此三種心律不整可以單獨或一併發生，傳導阻滯常為異位收縮之原因。

異常竇性律（Abnormal Sinus Rhythms）

正常的心跳大約平均每分鐘 70 跳，等於竇房結正常自動性放電的次數。當心電圖之 P、QRS 及 T 波之形式不變，而兩跳間之時距變短，稱為「心律加速」（Tachycardia），如果兩跳間之時距變長，則稱為「心律緩慢」（Bradycardia）。所謂心律加速或緩慢必須與自己長時間測量的基準心跳相比較，有的人心跳較快，若干人則較慢，尤其運動員的基準心跳較一般人緩慢，有低達每分鐘 40 跳的紀錄報告，嬰孩則有較快速的心律，不能視為異常。引起心跳加速的主要原因有體溫上升（發燒或中暑等）、交感神經興奮、運動及心臟中毒等。產生心律緩慢的原因主要有迷走神經興奮、交感神經抑制及藥物等，在後面會討論迷走神經對心臟作用的細節，經由感壓反射引發迷走神經興奮或注射乙醯膽胺（Acetylcholine）可使心跳變慢，甚至使心臟停止。

正常人的心跳也常常出現一種規則的變動，稱為竇性不整律（Sinus Arrhythmias），心跳在吸氣時加速，呼氣時變慢，這樣的上下變動，在正常人平靜呼吸時，大約少於平均心跳的 5%，大約相差每分鐘 3～5

跳，但是深呼吸時，變動的幅度加大，這種心跳隨呼吸而輕微變動的現象是正常的，可是有些人即使在平靜呼吸狀態下也有異常大幅度的變動，吸氣與呼氣間心跳差異達每分鐘數十跳，呈現明顯的竇性不整律。造成竇性不整律的原因大概是多種神經性反射綜合的結果，有的人因為神經性的管制有太大的波動（Oscillation），尤其感壓反射（Baroretlex）具高敏感度，因此有大幅度的竇性不整律，這種人通常不表現任何症狀，照常過正常生活。

傳導阻滯異常律（Conduction Block）

在心臟傳導系統中之任一部位發生傳導阻滯時則造成不整律。如果傳導之異常發生於竇房結及心房之間，則形成竇房阻滯（Sino-atrial Block），發生於房室結之間則形成房室阻滯（Atrio-ventricalar Block），房室阻滯之不整律，可因輕重程度分為三度：第一度（不完全），第二度及第三度（完全）阻滯；傳導之阻滯也會在心室間的 Purkinje 傳導系統，造成室間阻滯（Intraventricular Block）。

異常收縮（Premature Contraction）

心臟之傳導系統及心室中之任一部位如果不依照起步者的訊號而自己形成異位之起步者，即形成不同之異位收縮不整律。由心房發生者，稱為心房異位收縮（Atrial Premature Contraction）；由房室結發出者為房室結異位收縮（Atrio-ventricnlar Nodal Premcture Contraction）；此外還有心室異位收縮（Ventricular Premature Contraction）。異位收縮之極致為心臟之電傳導在一地區內形成環動現象（Circus Movements），導致心房撲動（Atrial Flutter）及顫動（Atrial Fibrillation）、心室顫動（Ventricular Fibrillation）等不整律。

第七章

血壓與血流
（Blood Pressure and Blood Flow）

體循環各部位靜液壓及血管阻力的變化（The Hydrostatic Pressure and Vascular Resistance）

通常我們所謂的「血壓」，指的是動脈內靜液壓（Hydrostatic Pressure），其實循環系統中各部位由主動脈、大動脈、小動脈、細動脈、毛細管，乃至細靜脈、小靜脈、大靜脈及腔靜脈均有不同的血壓。圖 7-1 顯示體循環中由大動脈到毛細管中間的小動脈及細動脈，血壓產生很大落差，大約由平均動脈壓（Arterial Pressure）100 mmHg 下降到毛細管壓（Capillary Pressure）0～25 mmHg（不同器官有不同之毛細管壓）。毛細管前的阻力性血管（Resistance Vessels），主要為細動脈，具有相當的基礎張力，也是循環中阻力最大的部位，以毛細管壓 20 mmHg，靜脈壓 0 mmHg 為計，毛細管前阻力（Pre-capillary Resistance）與毛細管後阻力（Post-capillary Resistance）之比，可由下列公式計算：

$$\text{毛細管前阻力} / \text{毛細管後阻力} = 100 - 20 \text{ mmHg}/20 - 0 \text{ mmHg}$$
$$= 80/20 = 4/1$$

毛細管前阻力與毛細管後阻力（主要為細靜脈）之比，由 4：1 至 9：1。

一般所謂血壓（Blood Pressure），其實指動脈壓，造成動脈壓之因素請參閱第四章：血流動力。

$$\text{動脈壓} = \text{心輸出量} \times \text{周邊血管阻力} \cdots\cdots\cdots(1)$$
$$\text{心輸出量} = \text{心跳} \times \text{心搏量} \cdots\cdots\cdots\cdots(2)$$

由此得下列公式：

$$動脈壓 = 心跳 \times 心搏量 \times 周邊血管阻力 \cdots\cdots(3)$$

影響動脈壓之三大因素爲心跳、心搏量及周邊血管阻力，任何改變心跳、心搏量及周邊血管阻力的生理、藥理及病理變化均可影響動脈壓。

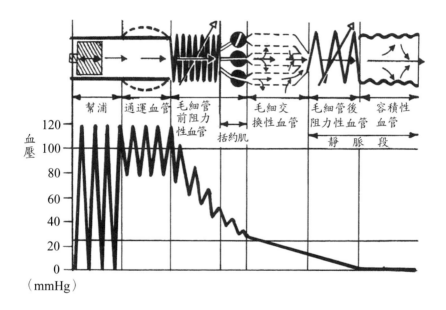

圖 7-1　循環系統的功能性分段及血壓。心臟的作用如同幫浦，以下的血管各具不同功能：通運血管、毛細管前阻力性血管、括約肌、毛細交換性血管、毛細管後阻力性血管及容積性血管等。血壓的變化爲：左心室壓收縮壓 120 mmHg，舒張壓近 0 mmHg，因爲通運血管的膨縮功能，動脈血壓爲 120/80 mmHg，經過了一段很大的阻力，平均血壓驟降，到達毛細管時，血壓約在 10～25 mmHg，靜脈的終端右心房壓約爲 0 mmHg

測量血壓方法（Methods of Blood Pressure Measurement）

　　古代中國及埃及記載「把脈」以估算血壓，如今中醫亦有以把脈斷病者。以儀器測量血壓始於 1733 年，由英國牧師史蒂芬‧哈爾斯（Steven Hales）首先將玻管插入動物（馬及羊等）之股或頸動脈，以血柱高度測量血壓。史蒂芬‧哈爾斯的插管法直接觀察到玻管內血柱之高度及波動，他是史上第一位測量到動物血壓的人，也是第一位提出收縮壓及舒張壓。但是插管法具傷害性，動脈拔管之後也容易出血，以血柱高度測量血壓十分不方便，在動物實驗室中改用壓力傳能器（Pressure Transducer）或稱壓力器（Manometer）來測量，仍須做動脈插管，不適合做爲臨床方面的簡易常規測量。

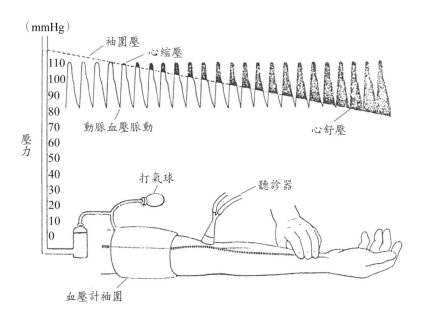

圖 7-2　利用血壓計測量血壓之方法及原理

　　插管法現在臨床上測量靜脈壓偶會使用，急症或重症病人需連續測量動脈壓，則以動脈插管（Intraarterial Line）置入股或頸動脈，再連接傳能器及紀錄器連續記錄血壓及心跳。

　　臨床上常用測量動脈血壓之方法為間接之「聽診法」，使用血壓計（Sphygmomanometer）。血壓計由俄國醫師柯勒多可（Korotkow）等人於 1876 年發明，並逐漸改進，其特色為利用水銀柱取代血柱，可縮小測量高度達 1/13.6，雖然不若插管壓力器測量之準確，但使用簡便，可做為常規檢查。其使用之方法及原理利用圖 7-2 說明，將連接血壓計之袖圍（Cuff）圍繞於上臂肘關節以上部位，利用裝有活塞之氣球將袖圍壓力提高超過心縮壓（Systolic Pressure），此時上臂動脈完全封閉，在肘彎處以聽診器聽取不到聲音，當袖圍壓力逐漸下降，到達心縮壓時，血液開始由半開放之臂動脈衝流，形成旋流而造成振動聲音，此種聲音清脆如同滴水聲（Tapping Sound）。當袖圍壓力釋放至心舒壓（Diastolic Pressure）附近時，水滴聲變成沉悶聲（Muffling Sound），通常持續 5～10 mmHg，然後聲音消失，此時臂動脈完全開放，血流恢復平流狀態，因此無振動聲。

　　當逐漸降低袖圍壓，由無聲開始聽到聲音之時為心縮壓，由清脆聲轉為沉悶聲或聲音消失之際，為接近心舒壓。這些聲音首次由俄國醫師 Korotkow 詳細描述，稱為 Korotkow 音。關於心舒壓之位置，有人認為應在清脆聲變成沉悶聲之時，也有人主張在聲音完全消失之際。Kirkendall 等人（1967）建議血壓寫成 140/80/72，140 為心縮壓，80 為變音時血壓，而 72 則為完全無聲之血壓。一般而言，正常成人在平靜狀態下的心舒壓較接近聲音完全消失時之血壓；運動時，由於血流速度增加，變聲與無聲時血壓間距在某些人會相差達 40 mmHg，此時之心舒壓較接近於變聲時之血壓。小孩之血流速度較大人為快，心舒壓亦接近變聲時之血壓。

利用袖圍血壓計測量血壓雖然簡單，且儀器輕便不貴，但是袖圍之寬度（最佳之寬度爲上臂直徑 1.2 倍，因此成人與小孩之袖圍寬度不同），位置以及鬆緊等因素而造成若干誤差，使用這一方法必須有這些認識，而且需要練習，才能獲得準確的測量。

動脈血壓（Arterial Pressure）

動脈血壓具收縮壓及舒張壓，當心室在收縮期射血入動脈，加上原有之周邊血管阻力，造成收縮壓。由於主動脈與大動脈具膨脹及回縮的彈性，在心縮期間容納了一部分血量，達到緩衝的效果，此一部分血量在心舒期由於大動脈回縮，而緩慢下流，維持了舒張期在 80 mmHg 左右。

圖 7-3 爲動脈血壓波動的型態，約可分爲四期：1.急升期（Sharp Upstroke）；2.慢升期（Slow Rise）；3.切口（Notch or Incisura）；4.舒張下降期（Diastolic Decline）。

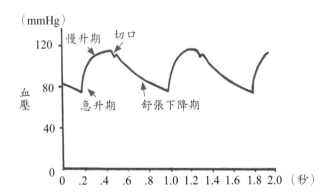

圖 7-3　動脈血壓波動的型態。正常平靜狀態下動脈血壓收縮壓約 120 mmHg，舒張壓 80 mmHg。波動分為四期：急升期、慢升期、切口與舒張下降期

收縮壓與舒張壓之差距稱爲脈搏壓（Pulse Pressure）：

$$脈搏壓 = 收縮壓 - 舒張壓\cdots\cdots\cdots(1)$$

由圖 7-3 可見動脈血壓的波動並非一規則之方形波，因此平均血壓（Mean Arterial Pressure）並非在收縮壓及舒張壓兩者之正中間。粗略計算平均血壓之方法爲：

$$平均血壓 = （舒張壓 + 脈搏壓）/\textbf{3}\cdots\cdots(2)$$

因爲血壓波型爲上尖底寬者，所以平均血壓接近心舒壓。事實上，正確測量平均血壓之方法爲利用動脈插管連接壓力傳能器，記錄波動之血壓，利用電子積分方法，使波動之血壓變成長方形，平均血壓之水平線將血壓波之積分面積均分上下兩半，因此僅有收縮壓及舒張壓無法決定平均血壓，而且平均血壓因血壓波形不同而有異，有相同之收縮壓與舒張壓，卻不一定有相同的平均血壓。

血流分布（Distribution of Blood Flow）

平靜狀態下，一個人的心臟每分鐘輸出 5,000～5,500 mL 的血，全血量（Total Blood Volume）約 5,000～6,000 mL，所以全部血量在一分鐘內可循環一周，稱爲循環時間（Circulation Time）。劇烈運動時，心輸出量可達 25,000 mL（平靜狀態下之 4～6 倍），傑出運動員之心輸出量甚至可達 35,000～40,000 mL。

身體所有局部血流之總合爲心輸出量，平靜狀態下，心輸出量之器官分布：心臟（冠狀循環，Coronary Blood Flow）250～300 mL/min

（5%），腦部（腦循環，Cerebral Blood Flow）750～900 mL/min（15%），肺臟及氣管（氣管循環，Bronchial Blood Flow）250～300 mL/min（5%），腎臟（腎循環，Renal Blood Flow）1,000～1,200 mL/min（20%），內臟器官（包括胃、腸、肝及脾等，Splanchnic Blood Flow）1,500～1,800 mL/min（30%），骨骼肌（肌循環，Muscle Blood Flow）750～900 mL/min（15%），其餘 500～600 mL/min（10%）供給皮膚（Cutaneous Blood Flow）及骨骼（Bone Blood Flow）等組織。

心輸出量分布（Distribution of Cardiac Output）

　　局部器官之血流量主要決定於血壓差（動脈壓－靜脈壓）及局部血管阻力，後者主要之決定因素為血管半徑，亦即血管收縮及舒張之程度。當一器官之血管極度擴張時，腎及腦血流可增加為平靜狀態下之 1～3 倍，心臟及內臟血流可達 5～8 倍，骨骼肌及皮膚血流甚至高達 18～20 倍。在不同生理及病理情況下，局部血流受神經、化學及局部因素之影響而改變分布比例。在運動時，骨骼肌及皮膚血管擴張，血流增加最多，可達平靜狀態下之 3～5 倍，而占心輸出量之 80～85%，其生理意義為提供骨骼肌較多血流，以利氧氣輸送及帶走因運動產生的二氧化碳及乳酸等，有助骨骼肌之運動功能，皮膚血流增加則有利於釋放運動後產生的熱。在骨骼肌及皮膚血流增加之情況下，其他器官之血流則增加有限或相對減少。失血情況下，除腦及心臟血流外，其他器官血管收縮，血流減少，周邊阻力上升，以提高血壓，供應腦及心臟較大比例的血流（圖 7-4）。

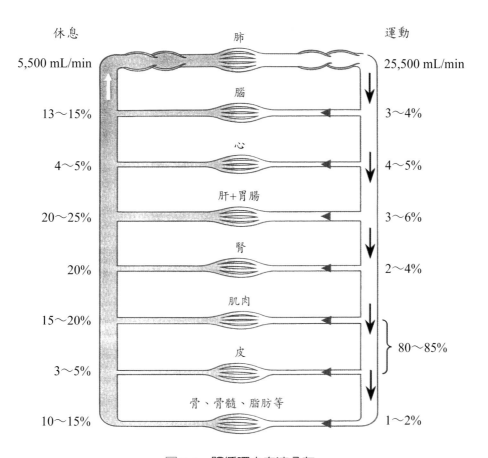

圖 7-4　**體循環之血流分布**

第八章

毛細管交換性功能
（Capillary Exchange Function）

微循環（Microcirculation）

動脈逐漸由大變小，由少變多，形成無數的分支，血流經微細動脈（Metarterioles）及經終末細動脈（Terminal Arterioles），毛細管前括約肌、毛細管（Capillaries）以及細靜脈（Venules），這些微細的血管群稱為微循環（圖 8-1）。

終末細動脈為內徑約 10～30 μ 的血管，管壁由內皮細胞，單層平滑肌及少量的結締組織所構成。每一毛細管前有括約肌，為進入毛細管前最終之特化平滑肌。毛細管之內徑 7～10 μ，其管壁僅由單層之內皮細胞（Endothelial Cell）及微薄之基底膜（Basement Membrane）所構成（圖 8-2、8-3）。

由於毛細管壁不具平滑肌及其他組織，基本上僅有單層之內皮細胞，物質容易通過管壁進行交換，簡單地說，由動脈血攜帶的氧氣及養分由血液中透過管壁交給細胞，而細胞的代謝產物，包括二氧化碳及其他物質則由組織間質（Interstitium）透過管壁進入毛細管中（圖 8-2）。毛細管前括約肌的收縮與開放決定毛細管開通的數目及時間，因此影響物質交換有效表面積。研究微循環主要是研究毛細管的交換功能，一部分的工作則研究毛細管前後小血管之調控，以及調控後對毛細管之作用。微循環之研究者利用本體、整體及離體器官組織進行不同目的的研究，所用的方法亦不盡相同。

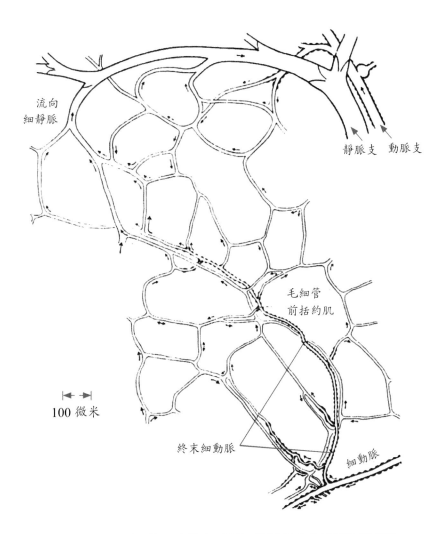

流向
細靜脈

靜脈支　動脈支

毛細管
前括約肌

100 微米

終末細動脈

細動脈

圖 8-1　微循環。毛細管是由終末或微細動脈分出之微細網狀構造，其管壁由單層之內皮細胞構成，不具平滑肌及其他組織。毛細前括約肌為毛細管入口最後細動脈之平滑肌特化而成。微循環不僅包括毛細管，還包括前後之細動脈與細靜脈等

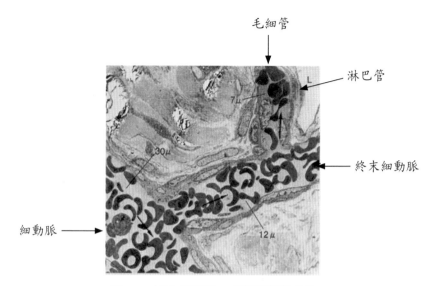

圖8-2　終末細動脈、毛細管與淋巴管

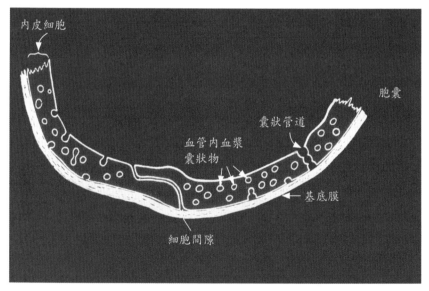

圖 8-3　毛細管壁組成。毛細管壁由單層內皮細胞及微薄之基底膜構成，
內皮細胞之間有縫隙，細胞之內具細胞核及胞囊。其中血管內血漿囊狀
物管道已經確認，然囊狀管道則尚未完全明瞭

毛細管的型態與通透性（Morphology and Permeability of the Capillary）

圖 8-4 以簡圖描繪三種不同型態之毛細管結構，由於組織學上構造的差異，毛細管的通透性也有大小之分：

連續性毛細管（Continuous Type）——低度通透性（Low Permeability Type）

此種型態的毛細管存在於身體大部分之器官組織，包括骨骼肌、平滑肌、心肌、肺臟、中樞神經、脂肪與結締組織之中。不論內皮細胞之高矮，鄰近之內皮細胞緊密相接，其外之基底膜（Basement Membrane）也是連續性的。利用電子顯微鏡觀察發現兩個鄰近內皮細胞間隙（Interendothelial Junction）大約寬 40～100 Å，此一組織學之觀察早在 1950 年以前由一生理學者 Pappahemer 以複雜之數學方法計算實驗數據，求得骨骼肌毛細管內皮細胞間隙之大小在 40～60 Å，後來組織學者利用電子顯微鏡獲得相近之間隙大小。此一間隙也稱為毛細管壁之孔或縫（Pore or Cleft），可以容許水液及水溶性物質通過，但蛋白質大分子則被阻擋。其毛細管濾過係數（Capillary Filtration Coefficient, CFC）為 0.001～0.03 mL/min/mmHg，表示當毛細管壁內外產生 1 mmHg 的壓力差時，水液通過間隙之流率為 0.001～0.03 mL/min。

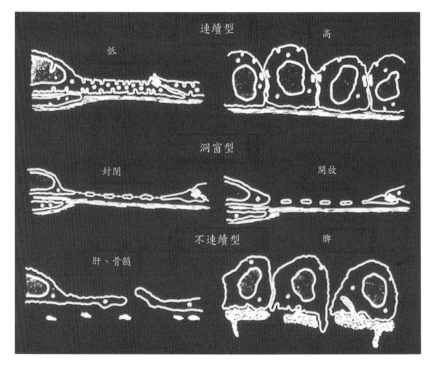

圖 8-4　毛細管壁 的不同型態。由於內皮細胞結構的差異，毛細管區分為連續、洞窗及不連續三種型態，每一型又分別有高低或封閉之不同結構，基底膜也具連續及不連續型態。各種型態之毛細管具不同之通透性。高低表示內皮細胞之高矮，開放與封閉表示內皮細胞中洞窗是否有薄膜（與基底膜結構相似）存在

洞窗性（Fenestrated Type）——中度通透性（Intermediate Permeability Type）

　　在腎絲球、腺體、眼球睫狀體、腸黏膜及腦室脈絡叢等的毛細管屬於此種型態。其特徵為內皮細胞內有多數洞窗（Intraendothelial Fenestrations），洞窗之大小 200～350 Å，由管腔通透至管壁，有些器官此型態之毛細管洞窗可能為一層黏性多醣類（Mucopolysaccharide）薄膜所覆蓋，有些則無覆蓋，成開放型，其外為連續的基底膜。此種型態毛細

管的濾過係數 0.05～0.3 mL/min/mmHg，大約為連續型毛細管之 10～50 倍，對水分之通透性為中度。

不連續型（Discontinuous Type）毛細管——高通透性（High Permeability Type）

骨骼（骨髓）、肝及脾臟的毛細管為此典型，內皮細胞間有很大的間隙，其外之基底膜也是不連續，有的甚至消失。此型毛細管也稱為細胞間洞窗型（Intercellularly Fenestrated）或竇型（Sinusoids）毛細管，有很大的細胞間隙，不但水液及物質可自由交通，大分子的蛋白質亦可濾過，甚至血球亦可通過，為一高通透性之毛細管。

毛細管內皮細胞外之基底膜，過去認為一不具作用之結構，其化學組成主要為多醣體，晚近之研究指出基底膜可以因病變而變厚，進而影響毛細管之通透性，主要之病變為自體免疫疾病（Autoimmune Diseases），如紅斑性狼瘡（Systemic Lupus Erythromatosis），及急性腎絲球炎（Acute Nephroglomeritis）等。毛細管通透度由通透係數（Capillary Filtration Coefficient, CFC）計量，通透係數以 mL/min/mmHg 為單位，表示在 1 mmHg 之毛細管內外壓力差之下，一分鐘有多少 mL 之水液濾過，其測量之方法為提高靜脈壓以增加毛細管壓，由器官之重量或體積增加（mL/min），計算毛細管通透係數。毛細管之通透係數取決於細胞間隙大小及有效通透表面積兩大因素。

毛細管通透表面積（Capillary Surface Area）

平靜狀態下，體內的毛細管在單位時間僅 30～40% 是開放的，血液由開放的毛細管流通才能進行物質內外交換。毛細管前括約肌具間竭性收縮及舒張之特性，此一現象利用顯微鏡觀察蝙蝠翼毛細管清晰可見，早期

學者將此一動作稱爲血管動作（Vasomotion），也觀察到加溫及運動可延長毛細管前括約肌舒張之時間，也增加放鬆之數目。毛細管前括約肌的縮放決定毛細管開放的時間及數目，當體循環所有的毛細管均完全開放時，毛細管之通透表面積可達 1,000 平方公尺（m^2），但在正常狀態下，僅約 300 平方公尺。開放毛細管之表面積稱爲有效通透表面積，肺循環毛細管通透表面積約爲體循環之 1/10（圖 8-5）。

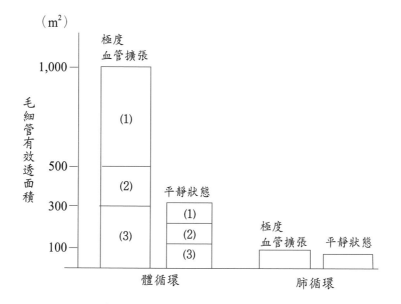

圖 8-5　體循環及肺循環毛細管之通透表面積。左邊爲全部毛細管開放之數值，右邊爲平靜狀態下之數值。在體循環方面：(1)包括腦、心、胃、腸、肝及腺體等器官；(2)包括骨、脂肪及結締組織；(3)骨骼肌。體循環全部毛細開放之總表面積約 1,000 m^2，平均狀態下開放之總表面積約 300 m^2（1/3）。肺循環毛細管完全開放與平靜狀態下之表面積約 100 m^2 及 60 m^2

物質交換（Exchange of Substances）

　　毛細管是循環系統的重點部位，物質通透毛細管壁進行交換，將細胞需要之物質交給細胞，細胞之代謝產物進入血液，帶至適當器官排泄或分解。水液、物質及蛋白質的內外交換維持了細胞內外液之恆定，如果沒有毛細管之物質交換，循環系統就成了一消耗能量而無功能之機械系統。圖 8-6 簡示毛細管內外以擴散（Diffusion）及濾過吸收（Filtration-Absorption）的方式進行交換，此外大分子（主要為蛋白質）可能經「大漏隙」（Large Leak）或胞飲（吞）（Endocytosis or Pinocytosis）的方法透過毛細管壁。

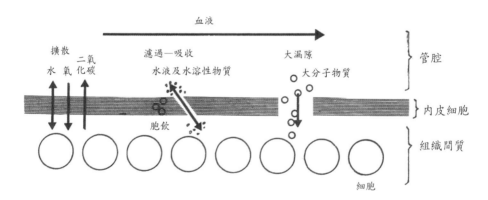

圖 8-6　物質經過毛細管壁的不同交換模式。其中胞飲方式尚無定論

擴散（Diffusion）

　　氣氧（O_2）及二氧化碳（CO_2）等脂溶性（Lipid-soluble）物質，可經由整個內皮細胞進行擴散方式的交換，不經也不受毛細管內皮細胞間隙或孔洞之大小的影響。下列公式用以表示物質擴散速率（dn/dt）與擴散常數（D），擴散面積（A），物質在毛細管之濃度差（dc）與擴散距離

（dx）間之關係：

$$dn/dt = DA（dc/dx）$$

由此公式可見擴散是物質由高濃度往低濃度移動，擴散速率取決於公式中的多種因素。在組織形成水腫的情況下，常常會增加擴散距離；在慢性炎症的損害下，毛細管壁發生異常病理變化，導致擴散面積減少及擴散距離增加的後果，進而影響毛細管內外氣體交換。

濾過—吸收（Filtration-Absorption）

水液及水溶性物質（Water and Water-soluble Substances）可藉擴散方式進行交換，但是其淨擴散量（Net Diffusion）甚微，交換之方式主要以濾過—吸收方式進行，亦即由於壓力差（Pressure Gradient）產生的一種水液流動，主要通道為內皮細胞之間隙（孔）或胞內洞窗。水液之通透度視孔洞之大小而異。

圖 8-7 簡示影響水液濾過—吸收之物理因素，P_c 及 P_t 分別代表毛細管及組織間質（Interstitium）之靜液壓（Capillary and Interstitial Hydrostatic Pressure）；π_c 及 π_t 則分別為毛細管內外之膠性滲透壓（Colloid Osmotic Pressure or Oncotic Pressure）。水液之推動力（Driving Force）為四種內外壓力的向量壓力差（$\triangle P$，Pressure Gradient）：

$$\triangle P = (P_c - P_t) - (\pi_c - \pi_t) \cdots\cdots\cdots (1)$$

$\triangle P$ 與毛細管濾過係數（Capillary Filtration Coefficient, CFC）的乘積即為毛細管濾過率（Capillary Filtration Rate, Jc）：

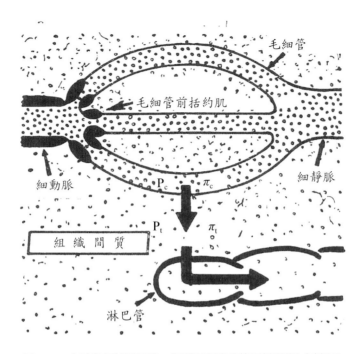

圖 8-7　水液經毛細管壁、組織間質及淋巴管運送之簡圖

$$Jc = \triangle P \times CFC \cdots\cdots\cdots\cdots\cdots (2)$$

　　正常時，此一微小的濾過水分（Jc），由毛細管內流向組織間質，由淋巴管（Lymphatics）移走，因此淋巴流量（J_L）等於 Jc：

$$J_L = Jc \cdots\cdots\cdots\cdots\cdots (3)$$

　　在此情況下，組織間質不積水也不失水，維持於等重或等量狀態（Isogravimetric or Isovolumetric state），如果淋巴管無法帶走相等之濾過水液，J_L 小於 Jc（Jc 大於 J_L），組織間質開始積水，形成水腫。水腫之成因於下面討論。

水腫時組織間液量可由下列公式計算：

$$\triangle J = J_L - Jc \quad \cdots\cdots\cdots\cdots\cdots \quad (4)$$

$$Vt = Vt_0 + \triangle J \int_0^t \quad \cdots\cdots\cdots\cdots\cdots \quad (5)$$

單一時間之組織間液量（Vt）等於原有之液量（Vt_0）加上淋巴流量與濾過水量差（$\triangle J, J_L - Jc$）之積分。試舉一例，原有組織液量（Vt_0）10 mL，毛細管濾過量（Jc）大於淋巴流量（J_L）1 mL/min，10 分鐘後積水 10 mL，組織液量（Vt）增加爲 20 mL。

大漏隙及胞飮（Large Leaks and Pinocytosis）

在不連續結構之毛細管，如骨骼、肝及脾臟等器官，細胞間隙大到足以讓大分子物質，如蛋白質（Protein），甚至血球自由通過，稱爲「大漏隙」。其他組織之毛細管內皮細胞間隙不足以讓大分子自由通過，但組織間液或淋巴液中蛋白質含量雖然比血漿蛋白質少，仍有相當含量，表示蛋白質等大分子仍可透過毛細管壁進行交換。內皮細胞中存在胞飮小囊（Pinocytotic Vesicles），這些證據顯示大分子物質，如蛋白質，可能透過胞飮或胞吞（Endocytosis）在內皮細胞內膜形成小囊，帶至細胞外膜進行胞吐（Exocytosis），將大分子由血液運送到組織間質。細胞間液之蛋白質含量因器官而異（2～4 g/100 mL，血漿之蛋白質大約 7 g/100 mL），可能因「大漏隙」或「胞飮小囊」之多寡而造成。

水腫之成因（Edema Formation）

　　水液之濾過與吸收藉毛細管內外靜液壓及膠性滲透壓造成之壓力差而推動，此一壓力差與毛細管濾過係數（表示毛細管之通透性）之乘積即為毛細管濾過或吸收流量（Jc）。上面已利用方程式說明 Jc 及淋巴流量（J_L）與組織間液之關係，正常時組織間質並不增水或失水，維持於等重或等量狀態。每一組織均有一定之基礎淋巴流量（J_L），表示在一般狀態下，水液由毛細管內向外以一定之濾過量（Jc）流入組織間質中，此濾過量極微小，為維持組織間液量於平衡狀態，淋巴管將濾過液由組織間質移走。但在某些生理病理狀態下，此種平衡失調，毛細管濾過液大於淋巴流量（Jc > J_L），組織間液增加，形成水腫。由以上影響毛細管水液交換之因素，我們可以明瞭水腫的幾種成因。圖 8-8 簡示四種水腫形成之因素。

高靜液壓水腫（Hydrostatic Edema）

　　由於毛細管壓（P_c）上升，造成 Jc 增加，Jc 大於 J_L，因此積水於組織間質。臨床上，淤血性心衰竭（Congestive Heart Failure）、靜脈栓塞（Venous Thrombosis）、靜脈阻塞（Venous Occlusion），以及長時間站立等均可導致靜脈壓增加，進而升高 P_c，形成水腫。此外，細動脈擴張及靜脈收縮情況下，毛細管前阻力及後阻力比率（Ra/Rv）下降，亦可增加 P_c，導致水腫。

低蛋白水腫（Hypoproteinemic Edema）

　　血漿中蛋白質含量大量減少，膠性滲透壓（π_c）降低，水液在毛細管內失去「保持」的力量，就容易流失。長期飢餓及營養不良均會造成血漿低蛋白（Hypoproteinemia）；腎病（Nephrosis）造成蛋白尿（Proteinurea）；大量蛋白質由尿液中流失，其症狀之一即為全身性水

組織間液過多（an excess of interstitial fluid volume）：

1.壓力性水腫（Hydrostatic Edema）

2.低蛋白性水腫（Hypoprteinemic Edema）

3.炎症或燒傷性水腫（Inflammatory and Burn Edema）

4.淋巴性水腫（Lymphedema）

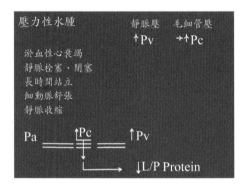

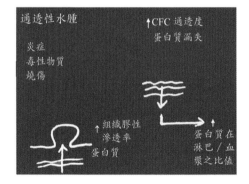
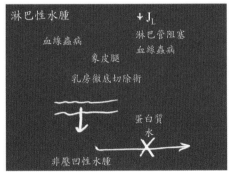

圖 8-8　四種不同生理病理成因之水腫

腫。肝硬化（Cirrhosis of Liver）形成腹水（Ascitis）之原因，一方面為門靜脈壓增加（Portal Hypertension）造成腸繫膜毛細管壓上升，一方面因為肝功能失常，肝臟之蛋白質合成（Protein Synthesis）不良，導致血漿低蛋白，P_c 增加而 π_c 降低，大量水液積留於腹腔之中，如果腹水之中含有血液，形成流血性腹水（Bloody Ascitis）則有肝癌（Hepatoma）之可能。

炎症或燒傷性水腫（Inflammatory or Burn Edema）

急性發炎、過敏及毒蟲叮咬等造成局部組織受傷之情況下，毛細管通透性（CFC）增加，加上組織間液蛋白質濃度上升，也導致局部水腫。炎症性水腫之致病因炎症傷害擴大了內皮細胞間隙，也有人認為炎症毒素本身含有或刺激組織釋放 Histamine 及 Bradykinin 等物質，因此增加通透性。燒傷不但損害毛細管壁，擴大內皮細胞間隙，另一方面，蛋白質因燒傷而自血液中流至組織間質，組織膠性滲透壓（π_t）增加，更加重水腫之程度。

淋巴性水腫（Lymphedema）

淋巴管阻塞，在淋巴流量（J_L）降低的情況下，水液及蛋白質無法由組織間質移去，形成一種多蛋白性的慢性水腫。前三種成因造成的水腫，一般可由指壓在水腫處造成小凹，稱為壓凹水腫（Pitting Edema），但是淋巴性水腫則無此現象。一種血絲蟲病（Filariasis）侵犯鼠蹊部淋巴結，造成下腿淋巴管阻塞，慢慢地形成象皮病（Elephantiasis）。乳癌開刀的病人，由於接受乳房徹底切除術（Radical Mastectomy），不但割去乳癌，亦清除周圍的血管及淋巴管，部分病人患側之手臂慢慢形成淋巴性水腫。

水腫之為害（Detrimental Effects of Edema）

　　水腫發生於肺部，一般稱「肺水腫」（Pulmonary Edema），也稱「急性肺損傷」（Acute Lung Injury），發生病人會引起急性呼吸窘迫症（Acute Respiratory Distress Syndrome），因為肺水腫或急性肺損傷會妨礙肺部氧氣與二氧化碳的交換，引起呼吸衰竭，是致死率很高的病症，筆者由 1972 年（民 61 年）開始從事多種原因造成肺水腫、急性肺損傷及急性呼吸窘迫症之動物及臨床研究，觀察生理、病理、生化及分生變化，探討致病機轉，並尋求可能治療之道。有關肺水腫之問題，將另闢專章討論。

　　發生於肺部外之水腫，如在軀體部位，並無立即致死之害，但水腫增加組織間液（Interstitial Fluid），使細胞浸泡於較大的水域，拉大了細胞與毛細管的距離，容易造成細胞缺氧或組織壞死（圖 8-9）。

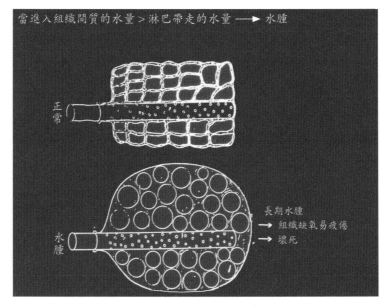

圖 8-9　組織水腫之害處

第九章

靜脈容積性功能
（Venous Capacitance Function）

血量分布（Blood Volume Distribution）

　　人體的總血量（Total Blood Volume）約 5 公升，大約爲體重之 7～10%。血量在循環系統中大致分布，如圖 9-1。心肺含 16%，動脈系統 15%，毛細管 5%，其餘的 64% 存在於靜脈系統中。如果不計算心肺，在體循環中，存在於靜脈之血量高達 70～80%，以前認爲靜脈只是一種被動性的管道，不具重要功能，現在這種觀念已不正確。靜脈系統貯存大量的血液，加上其高度的可脹度及可容度（參見第二章）。靜脈系統在血量的變化及調節上具有十分重要的功能。

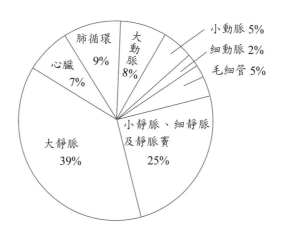

圖 9-1　血量在循環系統各部位分布之百分比

靜脈的容積性功能（The Capacitance Function of the Veins）

　　關於可脹度（Distensibility）及可容度（Compliance）的關係已在第二章血流動力討論過，表 9-1 列出動、靜脈系統的比較，以動脈爲 1 作爲標準：

表 9-1　動脈與靜脈系統之比較

	原有血量	可脹度	可容度
動脈	1	1	1
靜脈	4～5	6～8	24～32

　　靜脈系統不僅含有 4～5 倍於動脈的血量，由於靜脈壁薄，腔靜脈之內徑比主動脈大，其可脹度為動脈之 6～8 倍，因此可容度為 24～32 倍。以上為利用麻醉犬失血後之動、靜壓變化所獲得之數據。我們實驗室於 1991 年利用麻醉犬左右心旁道技術，在節節心輸出量下降之情況下，測量動、靜壓之變化，發現在接近正常心輸出量時靜、動脈可容度之比大約 8～10，在低心輸出量下可容度比上升至 20～22，此一結果顯示靜、動脈可容度之比並非一恆定值，隨著心輸出量下降而增加，在正常血流下其比值不大，在低血流下增加約一倍，但也沒到達 30，所以靜、動脈可容度之比尚待進一步確定。

　　假定靜脈／動脈可容度之比為 20，再假定動脈每變動壓力 1 mmHg 血量變動僅 2～3 mL，同樣靜脈壓的變化，在靜脈系統中會發生 40～60 mL 的血量變化。

　　由圖 9-2 之壓力─容積曲線（Pressure-Volume Curve）更可明白靜脈的容積性功能，在一個無法膨脹的硬管中，其壓力─容積關係線為一與橫軸（壓力）平行之直線，無論如何改變壓力，硬管中的容積（水量）並不增減，斜率等於 0，為一等容線（Isovolumetric Line）。動脈之壓力─容積關係也是一斜率（Slope）不大之曲線，整個曲線斜率大約 2～3 mL/mmHg，也就是動脈的可容度。靜脈系統的壓力─容積曲線斜率相當大，人在平躺時，平均靜脈壓及靜脈容積（血量）分別為 5～10 mmHg 及 3,000 mL 左右，在正常的範圍上下，靜脈可容度（即曲線斜率）大約為 60～80 mL/mmHg，當靜脈壓超過 40 mmHg 以上，靜脈由扁平膨脹到

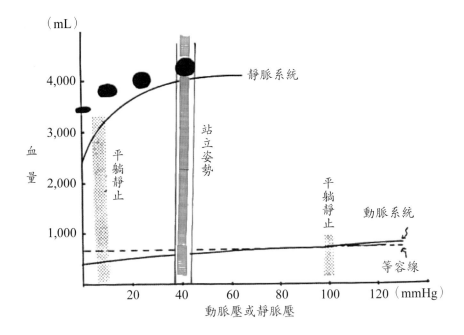

圖 9-2　動脈及靜脈系統之血壓－血量關係曲線。曲線之斜率代表可容
度，虛線為硬管之等容線，在硬管中增加壓力，不能增加水量，可容度及
虛線斜率為 0。動脈血管可容度（曲線斜率）比等容線稍高，在 0 mmHg
血壓下，動脈血量 600 mL，血壓增加到 100 mmHg，動脈血量僅增為 800
mL。靜脈之可容度比動脈遠高，其曲線斜率在低壓時甚大，高壓時減
少。平躺靜止時，人體之平均靜脈壓在 5～10 mmHg，血量 3,000 mL，人
體姿勢由臥姿變為站立時，平靜靜脈壓上升至 40～50 mmHg，靜脈由扁平
變圓鼓，血量增為 4,000 mL。身體由臥而立，靜脈血壓及血量變化甚大，
動脈血壓及血量變化輕微

一定程度，則曲線斜率變小（大約 4～6 mL/mmHg），可容度大降。動脈
血管之特性與靜脈不同，在 0 壓力下其容積大約 600～700 mL，動脈壓達
到 100 mmHg 以上，容積才增至 700～800 mL，所以整個曲線的斜率（可
容度）大約 2～3 mL/mmHg。

　　靜脈系統的高可容性質，以生理學的觀點而言，在某些情況下發揮了

有利的功能，但在若干病理情況下，也帶來一些困擾。

重力對於靜脈壓及血量的作用（Effects of Gravity on Venous Pressure and Volume）

　　人平躺時，全身靜脈大約與心臟在同一水平上，周邊靜脈與右心房僅有些微的壓力差，當人站立時，因為重力關係，心臟以上及以下部位靜脈壓發生變動（如圖 9-3），心臟以上頭部的靜脈壓變為負值，心臟以下的靜脈壓則上升，如果拿血液的比重當 1 而言，與心臟部位相差 13.6 mm 則壓力變化 1 mmHg。一位 170 cm 的人，頭頂距心臟約 40～50 cm，理論上頭頂的靜脈壓為 -30～-40 mmHg，但人站立時，位於頸部表淺部位的頸靜脈發生陷縮，實際上頭部靜脈壓的負值並未達 -30～-40 mmHg，而僅在 -10 mmHg 左右，此種頸靜脈縮陷現象，稱為「瀑布現象」（Waterfall Phenomenon）。不過頭部靜脈壓 -10 mmHg 的負值可能給顱部開刀的病患帶來困擾，如果傷口封閉不緊，則病人由臥而立時，顱內靜脈竇的負壓可能吸入空氣而造成腦部空氣栓塞。在心臟以下部位的靜脈壓，雙臂尖端可達 35 mmHg，腹部 22 mmHg，腿部 40 mmHg，最下端的腳踝靜脈壓可達 90 mmHg。由於靜脈系統的可容度很高，大量的血液沉滯在心臟以下的靜脈中。由圖 9-2 看來，如果以 5～10 mmHg 作為平躺時全身平均靜脈壓，而站立時之平均靜脈壓 35（30～40）mmHg，人類在姿勢變換之中，由躺而立，或由蹲而立，大約有 500～1,000 mL 的血液瞬間積留於脹大的靜脈之中，發生「靜脈沉滯」（Venous Pooling），以致回心血量（Venous Return）降低，這就是發生「變位性或姿勢性低血量」（Orthostatic or Postural Hypotension），甚至昏厥（Fainting or Syncope）的原因。病患如果服用交感神經阻斷劑或硝基甘油片（Nitroglycerin），由於反射性的代償作用被阻斷或因藥物增加了靜脈的容積性，增加發生變

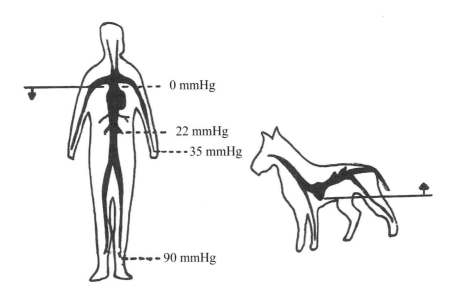

圖 9-3　人站立時靜脈壓之變化。人站立時 70% 左右的血量在心臟以下，各部位之靜脈壓增加，在腹部及腳踝之靜脈壓可高達 22 及 90 mmHg。相較之下，狗站立時全身靜脈壓相差不大，因為 70% 左右的血量與心臟同一水平或高於心臟

位性低血壓及昏厥的機會。

　　大部分的動物，利用四腳行走，70%左右的靜脈位於心臟之上或與心臟同一水平，重力的影響甚小，因此在姿勢的變換中，並不發生類似人類的困擾（圖 9-3）。但是不論人類或動物，如果置於高速的旋轉機上，接受 3～4 G 的重力影響，在 30 秒內即發生昏厥，在太空人的訓練中，稱為飛行昏黑（Flight Blackout），因昏厥之時，兩眼無法見物，產生昏黑現象。

　　長時間的立正、特別在大熱天豔陽高照之下，容易發生昏厥現象，因為靜脈壓增加而靜脈血量沉積的緣故，天熱時，加上血管擴張，是產生靜脈血量沉積的有利因素。另外，長時間的站立，不但靜脈血量增加，減少回心血量，而且毛細管壓增加，水液由血管內逸出，在 15 分鐘內可達

600 mL 左右，組織水腫而血量減少，也是造成昏厥的因素。

站立姿勢下的血液回心機轉（Venous Return at Upright Position）

生理學家 W. R. Amberson（1943）說：「當人類的祖先敢於站立以雙腳走路時，他們已經做過了生理實驗，結果是沒有問題的」。由於靜脈的高度可容性，站立時發生靜脈沉滯，但是許多機轉足以幫助心臟以下部位的靜脈回心，減少靜脈沉滯的現象。

對於動脈壓的同等重力效果——維持不變的動靜脈壓力差

靜脈發生血量沉滯的原因，是因爲靜脈系統的可容性質，即壓力增加導致血量增加，如果將靜脈變成動脈或硬管，則變位性低血壓或昏厥的現象即不再發生。回心血量在站立時減少，並不是「血不易往上流」的緣故。事實上，血流的推動力量（Driving Force）藉動脈與靜脈的壓力差，這種壓力差在平躺及站立時是不變的，站立時，某一部位的靜脈壓因爲重力增加了幾個 mmHg，動脈壓也相等地增加那麼多，所以血流的推動力量並未因姿勢的變換而改變。許多醫師在回答病人的問題：「蹲下之後站立爲何會昏眩？」常常將回心血量的減少歸咎於「血不易由低處流向高處」，這一觀念是錯誤的。

靜脈瓣以及肌肉幫浦作用

四肢的皮下表淺靜脈以及骨骼肌間的深部靜脈均具有瓣膜的構造，瓣膜開放的方向指向心臟，可以防止血液逆流，當骨骼肌動作時，可以壓擠四肢的靜脈血流向心臟，這是四肢靜脈血回心的主要機轉（圖 9-4 及 9-5）。

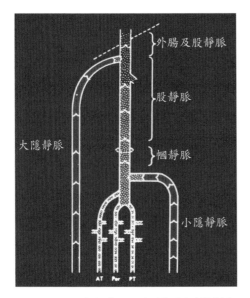

圖 9-4　四肢表淺及深部靜脈之靜脈瓣

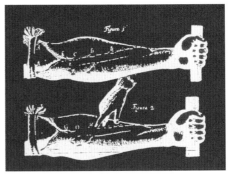

圖 9-5　站立時，四肢靜脈瓣及肌肉收放動作之幫浦作用，可以幫助血液向心臟流動

　　圖 9-6 顯示骨骼肌放鬆收縮如何配合靜脈瓣發揮幫浦作用，將靜脈血向心臟方向擠動，所以人體不僅有一心臟，還有許多周邊心臟幫助周邊靜脈血回流。圖 9-7 顯示當十個人立正不動達 10 分鐘後，趾部靜脈壓平均高達 86 mmHg，開始行走之第一步稍微增加靜脈壓，第二步以後則迅速減低靜脈壓，第七步以後，靜脈壓減少到 30 mmHg 左右，停止行走之後，靜脈壓又逐漸上升。這一實驗表示腿部肌肉動作產生的「幫浦」（Pump）作用對於靜脈血回心的影響。一個人如果長期使腿部的靜脈血回心受到阻礙，例如長期蹲坐、站立或者因懷胎使腹內壓增加，長時期的靜脈積血以及靜脈壓增加的情況下，致使靜脈瓣破壞，就會產生「靜脈曲張」（Varicose Vein）的毛病。痔瘡也是肛門直腸部位的一種靜脈曲張，多半由於大便習慣不良、長期坐位等因素，使得肛門直腸部位的靜脈血回心不良，靜脈壓增加而破壞靜脈瓣。

A：肌肉之縮放動作（幫浦作用）如何配合靜脈瓣擠壓血液向心流動

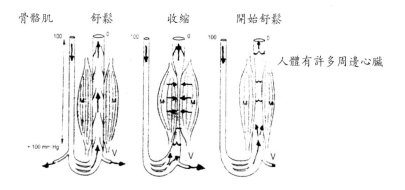

人體有許多周邊心臟

B：肌肉之縮放動作（幫浦作用）如何配合靜脈瓣擠壓血液向心流
動，與心臟之幫浦作用相同，因此身體有無數之周邊心臟

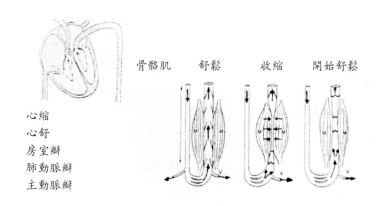

心縮
心舒
房室瓣
肺動脈瓣
主動脈瓣

圖 9-6　骨骼肌舒鬆及收縮配合靜脈瓣將靜脈血向上擠壓的幫浦作
用。當肌肉放鬆，容血在其中，肌肉收縮時，血液向上擠動，因
其瓣膜不能倒退。所以身體其實有許多周邊心臟

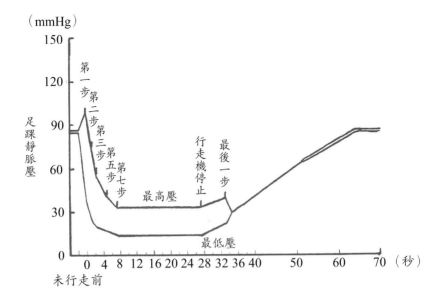

圖 9-7　行走對於靜脈壓之作用。受試者 10 人於跑步機上立正不
動達 10 分鐘後，足踝部位靜脈壓高達 86 mmHg（對照）；開動跑
步機後，第一步靜脈壓因肌肉壓擠稍升，第二步至第七步後靜脈
壓迅速下降至 30 mmHg 左右。但停止跑步機後，足踝部位之靜脈
壓又開始上升

腹部的壓擠作用

　　增加腹內壓對於腹部靜脈產生壓擠作用，也有助於靜脈的向心回
流。

胸部的吸引作用

　　胸部的呼吸以及心跳均可影響腔靜脈血流（Caval Flow），肋膜腔
無論在呼氣及吸氣時均在負壓狀態，可助於保持腹胸間靜脈的壓力差，
在呼氣時，橫膈以下之靜脈壓約為 3 mmHg，橫膈以上之腔靜脈壓約為 0
mmHg；吸氣時，因為肋膜腔壓力的負值更大，使得橫膈以上的胸部腔靜
脈壓變為 -5 mmHg，更有助於靜脈血的回心。心跳也對靜脈血流產生吸

引的作用，心舒期時，由於血液流入右心室，有吸引靜脈血向右心房流動的效應；在心縮期時，腔靜脈血流比心舒期時更大，因爲心臟的收縮，血液由左心室及右心室向上打入主動脈及肺動脈，形成的反衝力量使心臟向下移位，右心房及腔靜脈近右心房處因而膨大，吸引靜脈血回流。

交感神經的作用

交感神經對於靜脈的收縮作用尚未十分清楚，到現在爲止的看法認爲骨骼肌的靜脈並不太受交感神經的支配及管制，因此四肢靜脈的回流主要依靠骨骼肌的幫浦作用以及靜脈瓣的幫助。皮膚的靜脈有交感神經支配，但其管制作用主要與體溫調節有關。腹腔，包括肝臟、脾臟等的靜脈系統參與交感神經的反射作用，神經性的靜脈收縮有助於減少靜脈容積，而增加靜脈回心血流（圖 9-8）。

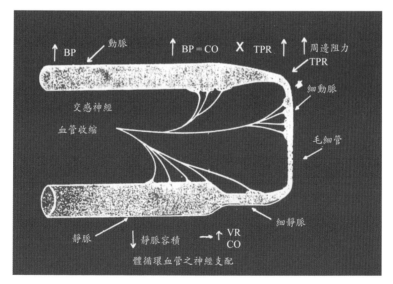

圖 9-8　**交感神經興奮引起血管收縮。靜脈收縮可以使容積減小，增加回心血量；細動脈收縮可以升高周邊血管阻力，使血壓上升**

靜脈系統的水庫功能（Reservoir Function of the Venous system）

　　靜脈的高度可脹性或可容性導致站立行走的人類在姿勢的變換中，產生急性的血量分布變化，造成姿勢性低血壓而帶來困擾。另一方面，它的性質並非一無好處，靜脈系統具有水庫的功能（Reservoir Function）。失血時，由於神經性的收縮以及被動性（非神經性）的陷縮（Collapse），均可幫助動物體維持循環血量及心輸出量。由於輸血過量或其他原因造成血量過多（Volume Overloading），多餘的血量也可一部分容納在靜脈系統中。

第十章

循環系統的局部調節功能
（Intrinsic or Local Control of the Cardiovascular System）

心臟血管調節功能（Regulatory Function of Circulation）

心臟血管機能受內在局部因素（Intrinsic or Local Factors）以及外在因素（Extrinsic or Remote Factors）的調節，所謂局部因素指發生於心臟血管系統本身的肌應性（Myogenic）以及化學性（Chemical or Metabolic）因素。而外在性因素，包括神經及血液循環物質（主要爲激素）等的管制作用，神經及激素對於循環系統的遙控管制作用（Remote Control）將分別於第十一章及第十二章中敘述。本章討論心臟血管系統在沒有神經及激素的影響下之局部因素的調節及管制作用，這些局部的作用也稱爲自我調節作用（Autoregulation）。

心臟的自我調節：Frank-Starling 原則（Autoregulation of the Heart: Frank-Starling Law）

心臟對於心輸出量的自我調節作用主要爲 Frank-Starling 原則，Frank（1895）證明心肌與骨骼肌相同，在一定的範圍之內，肌肉之收縮力與其收縮前之長度成正比，Starling 及其同事（1914）利用心—肺製作實驗（圖 10-1）闡明心室之輸出量與心舒末期心室血量（Ventricular End-diastolic Volume）成正比。以心肌分子結構的觀點而言，心肌的肌小節長度在 2.2 微米（micron）時，產生的自動張力（Active Tension）最大，而在生理的作用範圍內，肌小節的長度並不超過 2.2 微米，在此一長度內，肌小節的長度越大，則肌動蛋白微絲及肌球蛋白微絲間互相重疊的區域越廣（參見第四章），因此收縮力也越大。Frank-Starling 原則下心臟自我調節的生理意義爲：在一定的限度下，靜脈回心血量越多，心臟在收縮之前，心室的血量增加，肌小節的長度也增加，心臟收縮能力加強，就足以將增加的回心血量輸出。心臟的此種自我調節機能有助於在短時間內平衡

回心血量及心輸出量，而避免靜脈淤血。

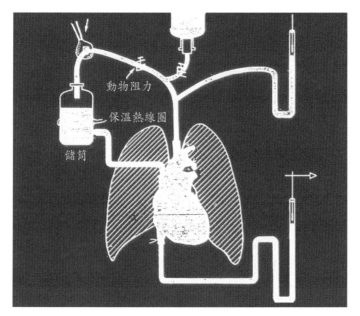

圖 10-1　Frank-Starling 心肺製備

血管的自我調節機能（Blood Flow Autoregulation）

由於局部因素的作用，血管在某些生理情況下產生舒張或收縮，引起阻力及血流的變化，有三種主要現象，各具生理意義：

功能性增流（Functional Hyperemia）

骨骼肌在運動時血流增加，腦部血流在癲癇時也增加。當一器官之功能及代謝增加，血流亦相對上升，此種現象稱為功能性增流（圖 10-2）。

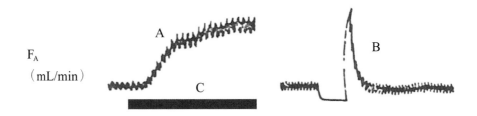

圖 10-2　功能性增流及反應性增流。記錄股動脈血流（F_A），刺激坐骨神經遠心端使腿部骨骼肌收縮（C），則血流增加，是為功能性增流（A）。夾閉動脈後再釋放，則血流增加，為反應性增流（B）

反應性增流（Reactive Hyperemia）

　　夾閉一器官之動脈血流一段時間後釋放，血流在釋放夾閉後常較正常為高，數秒鐘之後恢復正常，此種現象稱為反應性增流（圖 10-2-B）。

　　反應性增流現象在冠狀（心臟）、腎、胃腸道及骨骼肌血管中十分明顯，一些部位的皮膚血管則有輕微反應性增流。以前認為阻斷血流後的反應性增流是用於補償阻斷血流期間的欠氧債（Oxygen Debt）。事實上，欠氧債的補償除了增加血流外，一部分可由增加取氧率（O_2 Extraction），亦即增加動、靜脈血之含氧量差（A-VO$_2$ Difference）而補償。多數皮膚血管其反應性增流較差，阻斷血流後欠氧債的補償則主要經由增加取氧率。

自我調節（Autoregulation）

　　廣義的血管自我調節，包括以上的功能性及反應性增流，現代的學者將血管之自我調節定義為：組織在一定範圍的灌注壓（血壓）改變下，其穩定狀態血流（Steady-State Blood Flow）並不因血壓的變動而有顯著的變化，亦即組織之血流因需要而定，在一定之需要下，雖然改變了灌注

壓，血流卻維持在正常的範圍內。圖 10-3 表示自我調節的現象以及灌注壓—血流關係曲線，在一硬質之玻管中，血流與灌注壓呈直線關係（直線），表示玻管的阻力在不同的灌注壓下永遠維持不變，此一直線稱爲等阻力線（Isoresistance Line，直線①）；在一無自我調節機能之血管中，血流與灌注壓間呈現如圖中曲線②之關係（參見第二章：血流動力），稱爲無自我調節曲線（Nonautoregulated Line）；而曲線③則表示自我調節機能的形式。在灌注壓 50～150 mmHg 之間，血流與正常者相近，事實

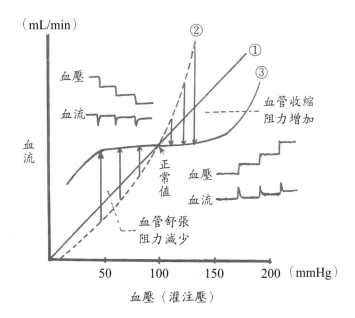

圖 10-3　血管之自我調節功能。直線 ①：等阻力線；曲線 ②：無自我調節曲線；曲線 ③：自我調節曲線。曲線 ③ 表示在 50～150 mmHg 的血壓範圍內，血流維持在接近正常值的水平上。由 ② 到 ③ 的箭頭表示變動血壓後短時間內血流的變化，如同左右方血壓及血流的變化一樣。一器官之血流—血壓關係曲線接近 ② 者表示自我調節功能甚差，接近 ③ 者則具有良好的自我調節功能

上在改變灌注壓之瞬間，血流先沿曲線②變化，然後往曲線③上升或下降（如圖 10-3）的變化，表示在具有自我調節機能的血管中，提高灌注壓，則血管收縮，阻力增加，使得血流由曲線②下降到曲線③；而降低灌注壓，則血管舒張，阻力減少，使得血流由曲線②上升到曲線③。血管對於灌注壓的上下變化分別產生收縮及舒張，以及阻力增加及減少的反應，為血管自我調節的機轉，由於此一機轉，使得血流維持在一接近正常的水平上。這種方式的自我調節機能在腎臟、冠狀（心臟）、腦血管較顯著，骨骼肌及皮膚的血管自我調節機能較差。

血管自我調節機能的因素（Factors Affecting Blood Flow Autoregulation）

血管自我調節的機能是由於某些局部因素的作用，經過多年來的研究，雖然尚未能明瞭局部作用因素的細節，但已知有兩種因素是產生血管自我調節現象的主要原因：肌應因素（Myogenic Factor）以及代謝因素（Metabolic Factor）。在某些器官中兩種因素的相關重要性仍有爭論，我們現在所明白的是，有些器官的血管自我調節作用主要由於肌應因素，而另外一些器官，則代謝因素較為重要。

肌應因素（Myogenic Factors）

血管平滑肌（尤其是毛細管前細動脈及括約肌）對於血管內壓力改變產生一種主動性的張力變化，此種變化稱為 Bayliss 反應。當灌注壓增高，平滑肌產生收縮的反應，因此血管阻力上升；灌注壓減低時，平滑肌產生舒張的反應，血管阻力下降。由於血管阻力的變化與灌注壓的變化方向相同，因此使血流維持在接近正常的數值，產生自我調節的作用。此種肌應因素確實發生於許多器官如腎、骨骼肌、腦、心臟及胃腸道等之血管

平滑肌，但是肌應因素的反應卻無法解釋功能性增流等現象。晚近若干學者認爲在形成高血壓的過程中，肌應因素與血壓之間形成一正性迴饋，因此肌應因素的自我調節作用雖然有助於維持衡定血流，卻可能在高血壓的患者由初期的不穩定期進入穩定期的過程中介入不利的作用，而加強血壓的上升。當然，在高血壓的患者中，血管組織的續發性變化，也可能促進高血壓的形成。血管組織的變化，包括管壁肥厚增生、管腔變狹窄等，也可以視爲長期的肌應性變化。

代謝因素（Metabolic Factors）

一器官之血流主要因其代謝之需要（Metabolic Demand）而調節。氧氣的供應當然與器官之代謝需要最爲密切，但其作用機轉，亦即氧氣直接或間接造成血管收縮或舒張之作用則有兩種說法，這兩種作用的機轉可能在不同器官中各占不同程度的重要性：

氧氣直接作用（Direct Oxygen Action）

增加血液或細胞內之氧分壓（PO_2），造成細動脈及毛細管前括約肌的收縮；反之，降低氧分壓則造成血管擴張。因爲血管之平滑肌收縮需要氧氣，所以氧氣之多寡可以影響血管之張力，但是眞正作用的機轉尚未明瞭。

血管舒張物質作用（Vasodilator Action）

在血流或氧氣過多或不足時，器官本身的代謝產物發生局部濃度的變化，而影響血管的張力。下列物質均爲細胞代謝之產物，而且均有舒張血管的作用：二氧化碳（CO_2）、乳酸（Lactic Acid）、腺苷酸（Adenosine）、三磷酸腺苷（ATP）、磷酸鹽、鉀離子及氫離子等，另外若干自生物質，如 Histamine、Bradykinin、Prostaglandins 及一氧化氮

（Nitric Oxide, NO）等也認為與局部血流之調節有關。這些物質可能在不同器官之血管舒張作用扮演不同重要性之角色。

第十一章

循環系統的神經性管制
（Neural Regulation of the Circulatory System）

心臟及血管之神經支配（Nervous Innervation of the Heart and Blood Vessels）

　　心臟具有交感及副交感神經之支配（圖 11-1），交感神經之分布幾乎遍及心臟，包括傳導系統與收縮系統，因此交感神經興奮或抑制對於心跳及心收縮力均有顯著影響。副交感神經（迷走神經）主要支配竇房結及房室結之傳導系統，其興奮或抑制對於心跳之作用較大，迷走神經雖然也支配心房，可能影響心房之收縮，但是心房收縮在心臟之搏動中並無太大的生理作用。迷走神經是否支配心室之收縮系統，還是尚未定論之問題，即使迷走神經支配心室肌，對於心室之收縮力亦無顯著之生理作用。因此迷走神經之主要管制作用在心跳（Chronotropic Effect），對於心臟收縮力（Inotropic Effect）並無重要及直接之作用。

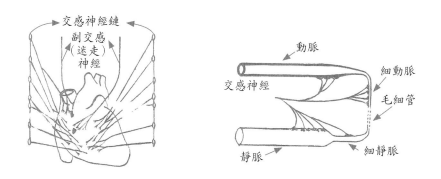

圖 11-1　心臟與血管之神經支配

　　除了少數之特殊支配外，大部分之血管由交感神經支配，缺乏副交感神經的分布（圖 11-1），所以大部分血管之神經性收縮及舒張端賴其支配之交感神經興奮或抑制（靜脈交感神經管制之細節請參閱第九章）。若干動物（如貓等）之骨骼肌血管及皮膚血管除了交感腎上腺素性的支配（Sympathetic Adrenergic Innervation）外，尚有交感膽胺性神經支配

（Sympathetic Cholinergic Innervation），交感神經末梢之作用物質爲乙醯膽胺（Acetylcholine）而非無甲基腎上腺素（Norepinephrine）。人類是否具有此種特殊的血管神經支配尚未明白。此種特殊的神經支配與「防禦反應」（Defense Reaction）及運動（Exercise）之部分循環變化有關。副交感神經也支配若干器官的血管，如唾液腺、胃腸道分泌腺、軟腦膜、冠狀血管以及外生殖器等，除了外生殖器外，上述器官雖然受副交感神經之支配，但副交感神經對血管張力之管制作用並無多大的生理意義。

中樞神經整合機構（Central Integration Mechanisms）

延腦心臟血管中樞（Medullary Cardiovascular Center）

1870 年代，Ludwig 等人發現逐段橫切腦幹（Brain Stem），未到達延腦之前，並不引起血壓與心跳的顯著改變。但是逐段切除延腦則引起血壓及心跳逐漸下降，切除的部位到達延腦後部與脊髓交界之處，則血壓下降約 40～50 mmHg，心跳的下降則視動物而定（圖 11-2）。這一實驗初步表示延腦以上的部位對於心跳與血壓張性活動（Tonic Activity）的維持並無太大作用，推測延腦爲維持心跳與血壓的主要機構。以後的研究則發現刺激延腦之不同部位引起心跳與血壓上升或下降的變化，而且發現大部分的心臟血管反射及生理性管制作用在延腦中綜合整理。在某些生理情況下，較高級之中樞，如大腦皮質及下視丘等，對於心臟血管功能亦具有重要的管制作用。

延腦之心臟血管中樞大致可分爲血管運動中樞（Vasomotor Center）、心臟加速中樞（Cardioacceleratory Center）、心臟加強中樞（Cardioaugmentory Center）及心臟抑制中樞（Cardioinhibitory Center）等。血管運動中樞之神經原散在於網狀系統（Reticular Formation）中，有些區域受電刺激產生血壓上升，稱爲升壓區（Pressor Area），多位

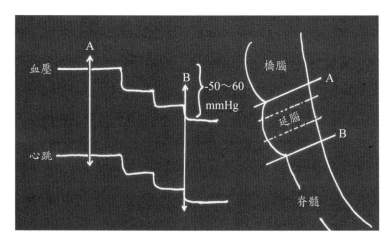

圖 11-2　Ludwig 的去大腦及橫切延腦實驗闡明延腦為心臟血管的
管制中樞

註：Carl Ludwig（1816-1895）是早期德國著名生理學家，亦是一位超級
　　「自隱姓名」的老師，全世界（包括美國早期之生理學者）學生到
　　Ludwig 的實驗室，他經常動手做實驗，發表論文時自隱其名，而以
　　學生名字發表，此種師風已空前絕後。

於延腦之前（唇）部、側部及背部；而電刺激產生血壓降低之降壓區
（Depressor Area）則多位於後（尾）部、中央部及腹部。電刺激產生心
跳變快（Tachycardia）及心收縮力加強之部位也是分散而不集中的，這些
區域雖然分別稱為心臟加速及加強中樞，但是對於其中的交互整合作用則
所知有限。

　　屬於迷走神經系統的心臟抑制中樞在延腦的神經原則較集中於三神經
核中：孤立核（Nucleus Solitarius）、背運動核（Dorsal Motor Nucleus）
及疑核（Nucleus Ambiguus）（圖 11-3）。除了孤立核已確定為多數心臟
血管反射弧傳入神經之總匯外，支配心臟的迷走神經運動核到底是背運動
核或疑核，到現在為止，一直是爭論不休的問題。可能不同動物具相異的
神經徑路。

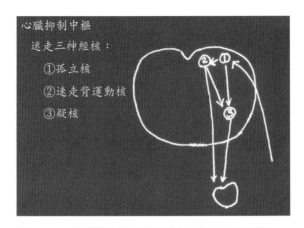

圖 11-3　延腦引起心跳變慢之迷走三神經核。
迷走三神經核（Vagal Nuclei）包括：①孤立核
（N. Tractus Solitarius），此核為周邊信號進入
延腦之收集中心（Afferent Relay Station）；②
位於旁邊者為速走背運動核（Dorsal Motor N. of
Vagus）；③在下方者為疑核（N. Ambiguus），
此核為若干動物控制心跳之運動核，或認為是
背運動核，目前尚無定論

大腦皮質－下視丘機構（Cortico-hypothalamic Mechanisms）

　　延腦以上之高級中樞，包括：大腦皮質、下視丘、中腦及橋腦等。
雖然對於基礎血壓及心跳的維持無太大的作用，但是電刺激這些神經機構
的某些部位仍然引起心跳及血壓的變化，在某些生理反應中，這些機構對
於延腦之心臟血管中樞具有影響的功能。較重要者為大腦皮質－下視丘
之聯繫機構，尤其是邊迴系統（Limbic System）。這一機構對於情緒、
行為、飲食、性活動，以及體溫調節等所連帶之心臟血管反應有關。主
要之心臟血管反應，包括：防禦反應（Defense Reaction）、情緒性昏厥
（Emotional Syncope）、性反應（Sexual Responses），以及體溫調節反
應（Themroregulatory Responses）等（圖 11-4）。

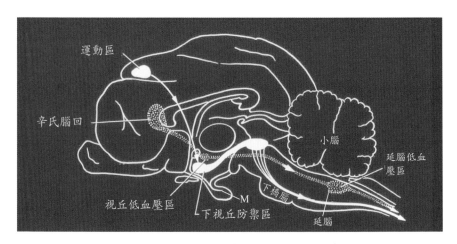

圖 11-4　大腦皮質－下視丘管制機構與下層神經機構之關連。運動區
（Motor area）促動下視丘防禦區（Defense area）及以下橋腦（Pons）與延
腦（Medulla）之升壓區，引起交感神經性之升壓反應。由辛氏腦回（Gyrus
Cinuli）發動信號，經過視丘低血壓區（Hypothalamic depressor area）及延腦
低血壓區（Medullary depressor area），以致出現降低血壓、甚至昏厥的反應

脊髓自主機構（Spinal Autonomic Mechanisms）

　　脊髓胸腰部位（Thoracolumbar Segments）之中側角（Interomediola-
teral Horns）為交感神經之節前神經原所在部位，在正常情況下，此機構
極度依賴延腦交感機構之興奮性推動（Excitatory Drive），所以切斷延腦
及脊髓交界處後，心跳及血壓會顯著下降。但是去除此種依賴之後，脊髓
之自主機構逐漸萌發獨立作業之功能，心跳及血壓逐漸回升，而且可以整
合若干心臟血管之脊髓反射功能，例如皮膚受冷熱及疼痛刺激引起局部血
管反應。但是由於缺乏上級中樞之調節及反射性緩衝功用，在脊髓橫斷之
動物或病人，疼痛之刺激有時引起極度之反射性收縮，導致高血壓危機
（Hypertensive Crisis），血壓升高至危險程度（圖 11-5）。

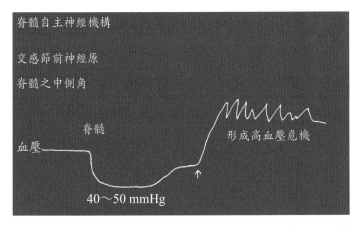

圖 11-5　脊髓自主神經機構，由位於脊髓之中側角之交感節前神經原負責。當脊髓橫斷，血壓（BP）立即下降至 50～60 mmHg，一陣子血壓自己回升，但如在橫斷以下部位給予疼痛刺激，血壓會持續波動升高，形成高血壓危機

心臟血管反射（Carodiovascular Reflexes）

　　反射的意思爲一種接受器（Receptor）受到某種刺激，所引起神經脈衝的改變，轉而變由傳入神經將訊號傳達中樞整合機構，再由傳出神經的脈衝變化而引起作用器（Effectors）的若干反應。循環系統的作用器爲心臟及血管，而其傳出神經的支配已在前面敘述過，中樞之主要整合機構在延腦，皮質－下視丘機構以及脊髓等部位也可負責若干反射性的反應。

　　因爲接受器位置的不同，心臟血管系統之反射可分爲：內在性（Intrinsic）及外在性（Extrinsic）兩種，前者之接受器位於心臟血管系統之內，接受血壓及血量等的變化，而經過負性迴饋之作用，維持血壓及血量等之衡定。若干反射作用的生理意義則尚未明瞭。外在性反射之接受器在心臟血管系統本身之外，有影響循環系統的作用。

感壓反射（Baroreceptor Reflex）

感壓反射爲心臟血管系統中最重要之反射，感壓接受器位於頸動脈竇（Carotid Sinus）及主動脈弓（Aortic Arch）之血管壁（此外，頸總動脈尚有少量之感壓接受器），二部位之傳入神經分別爲竇神經（Sinus Nerves）及主動脈神經（Aortic Nerves），後者又稱爲減壓神經（Depressor Nerves），兩者具有緩衝血壓變化之作用，又稱爲緩衝神經（Buffer Nerves）（圖 11-6）。

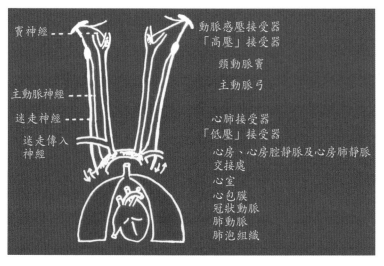

圖 11-6　感壓接受器（頸動脈竇及主動脈弓）及傳入神經。在心肺部分還有許多接受器。主動脈神經屬於迷走神經之一支，僅在兔子與迷走神經分開，頸動脈竇傳入神經，竇神經為舌咽神經之一支

感壓接受器實際上是一種牽扯（Stretch）或機械接受器（Mechanoreceptor），由於血壓變化造成牽扯之機械性變化。圖 11-7 闡述感壓反射作用，當動脈壓正常（Normal）時，竇神經定量放電，由中樞傳出之迷走神經（第 X 顱神經，Vagus Nerve），心臟及血管交感神經也有一定放電量，此狀態下動脈壓及心跳（Heart Rate）均維持在正常範圍。當血壓上

升（Elevated）時，不僅單一竇神經之放電頻率（Discharge Frequency）增加，而且因徵集作用（Recruitment），放電之神經單元也增加。傳入神經放電頻率上升的結果，迷走神經放電也上升，而心臟及血管交感神經放電降低（抑制交感，興奮副交感神經），產生血管舒張，動脈壓下降及心跳變慢，此一反射作用可以緩和上升之動脈壓。

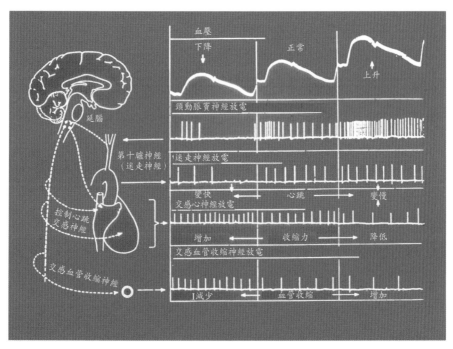

圖 11-7　頸動脈感壓反射作用

　　另一方面，當動脈下降（Lower），竇神經放電減少，傳達中樞之後，引起迷走神經放電降低，而交感神經放電增加（抑制副交感，興奮交感神經），導致血管收縮，動脈壓上升及心跳變快，可以提升降低之動脈壓。靜脈注射升血壓物質，如 Norepinephrine、Methoxamine 及 Phenylephrine 等是一例子，當血壓上升後，激發感壓接受器，其

結果是抑制了部分血壓的上升，而且產生反射性之心緩現象（Reflex Bradycardia）。相反地，當全身血壓或感壓部位之壓力下降時，感壓傳入神經之放電頻率減少，對於交感機構有興奮作用，副交感機構有抑制作用，因此血壓上升，心跳變快。夾閉頸總動脈後由於頸動脈竇內壓力下降，造成血壓升高以及心跳變快。

心肺接受器（Cardiopulmonary Receptors）

在心臟（包括心房及心室）及肺臟血管中的許多接受器，總稱為心肺接受器。因前述的感壓接受器位於動脈血管壁，處於較高血壓之下，故又稱「高壓」感壓接受器（High-pressure Baroreceptors），而心肺接受器處於較低的壓力下，故又稱「低壓」感壓接受器（Low-pressure Baroreceptors）。心肺接受器之傳入神經主要為迷走神經傳入徑（Vagal Afferents）（圖 11-6），這些部位的接受器事實上包括多種不同功能的接受器，激發某些接受器產生心臟血管反應，尚有一些接受器未能確定其生理意義。

由靜脈或冠狀動脈注射 Veratrine 類贗鹼，可以強烈激發心室接受器（Ventricular Receptors），引起顯著的血壓降低、心跳變慢，以及呼吸變緩（甚至短暫的呼吸停止），這些反應稱為 Bezold-Jarisch 反射，以前認為它不具生理意義，晚近若干學者認為冠狀動脈栓塞引起心肌缺血，早期所致的血壓下降及心跳變慢有一部分為類似 Bezold-Jarisch 反射的反應現象，其生理作用可能為減少心臟的負荷。

心房接受器（Atrial Receptors）位於左右心房與肺靜脈及腔靜脈交界處，認為可以感知血量之變化，故又稱感量接受器（Volume Receptors）（圖 11-8）。利用局部膨脹心房或大量靜脈灌注液體以提高心房壓，可以引起交感及迷走機構之抑制，其反射之結果為血壓下降及心跳變快，在

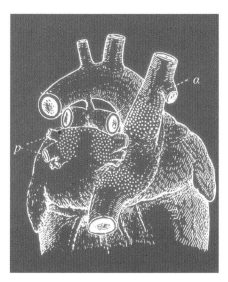

圖 11-8　心房感量接受器

動物體血量過多的情況下，有緩和血壓升高的作用；靜脈灌注液體而激發心房接受器造成心跳變快的現象，稱為 Bainbridge 反射，學者認為在血量增加下心跳加快的作用為促進心輸出量增加，而避免心肺部位積血過量。另外，運動時的心跳加速也有人認為一部分為 Bainbridge 反射的結果。如果長時間的增加血量，經過心房感量接受器及迷走傳入徑之作用，可以抑制節水素（抗利尿素 ADH）及腎素（Renin）之分泌，後者經過腎素－血管張力素－醛脂醇（Renin-Angiotensin-Aldosterone）之連貫作用（詳見第十二章）而減少腎上腺醛脂醇之分泌；失血後血量減少，則節水素及腎上腺醛脂醇之分泌增加。由於這些內分泌素可以影響腎臟水分及鹽類的排泄，所以在血量過多或過少時，可以分別增加及減少尿液水分及鹽類的排出，進而有助於血量的衡定，以上的作用稱為 Gauer-Henry 反射。

化學接受器（Chemoreceptor）反射對循環系統之作用

化學接受器主要位於頸動脈竇及主動弓附近之頸動脈小體及主動脈小體（Carotid and Aortic Bodies），其傳入神經與感壓接受器相同，分別為竇神經及主動脈神經。但感壓及化學接受器則在同一神經上分別具有不同之傳入纖維，而且刺激化學接受器（主要為缺氧之刺激）產生交感與迷走神經機構興奮，造成血壓上升及心跳變慢；而刺激感壓接受器（升高局部壓力，參見前述）則抑制交感而興奮迷走，造成血壓及心跳下降。

除了對於呼吸之作用外，全身缺氧對於心臟血管功能的影響十分複雜。刺激化學接受器可以造成反射性血壓上升及心跳變慢。但是至少有兩種其他效應可以改變心臟血管的功能，全身缺氧使血管擴張，血壓下降；另一方面，缺氧也可促使腎上腺素分泌，使血壓上升及心跳加快。

中樞缺血反應（CNS Ischemic Response）

嚴重降低血壓或提高顱內壓，引起血壓上升及心跳變慢，又稱為 Cushing 反應。由於中樞神經缺血，而刺激延腦之血管運動中樞，使血壓上升以維持腦部的血流。心跳變慢為直接激發迷走中樞之結果，其生理意義不明。

外在性反射（Extrinsic Reflexes）

位於皮膚、肌肉、關節及內臟之接受器，可以經由感覺纖維傳入中樞神經，在某些生理情況下影響心臟血管系統的功能。

疼痛可以產生心跳及血壓的改變，一般言之，刺激無髓鞘感覺神經纖維或表淺部位之疼痛產生血管收縮、血壓上升及心跳加速；而刺激有髓鞘感覺纖維或深部疼痛（骨折、肌肉受傷等）則產生血管擴張、血壓下降及心跳變慢，甚至昏厥。

皮膚接受冷熱之刺激可引起反射性之豎毛肌動作，以及皮膚血管收縮

或擴張等之體溫調節反應，其主要之整合中樞在下視丘，但是部分反射性之皮膚血管活動可以在延腦或脊髓中完成。

　　體表之觸覺可以加強在情緒反應下的心跳及血壓變化，最明顯之例子為性活動中的愛撫動作可導致心悸及血壓升高。關節及肌肉的動作也可影響循環系統，甚至在運動未充分開始之前，關節及骨骼肌的接受器即可造成反射性的效應，使骨骼血管擴張而增加血流。

第十二章

循環系統的激素性管制
（Hormonal Control of the Circulatory System）

循環系統激素的作用（Effects or Endocrines on the Cardiovascular System）

身體內有許多內生性之化學物質（Endogenous Chemical Substances），在某些生理或病理情況下，藉增加或減少分泌的方式對於整個或局部的循環具有特殊的作用。有些物質只是在局部組織中釋放，使血管收縮或擴張以調節局部血流，這些物質在第十章中血管自我調節機能中的代謝因素曾加以討論，如二氧化碳、乳酸、腺苷酸、三磷腺苷酸、氫、鉀，以及 Histamine、Bradykinin、Prostaglandin、一氧化氮（Nitric oxide，NO）等。事實上，交感及副交感神經末梢分泌的 Norepinephrine 及 Acetylcholine 亦可算是局部作用的物質，只是它們的分泌是經過神經的作用而已。有些內分泌腺體對於長期性循環功能的維持具有直接或間接的作用，這些腺體分泌的激素進入血液中，作用的範圍十分廣泛，屬於遙控調節的一種型態，在特別的生理或病理情況變化下，若干激素的分泌量以及血中含量的多寡可以調節循環系統，而且大部分可以代償原來的變化，對於循環系統血壓及血量等因素的維持有重要的功能。激素對於心臟血管功能之管制較重要的為下列三種：

腎上腺素及無甲基腎上腺素系統（Epinephrine and Norepinephrine）

在交感神經系統中，腎上腺髓質可視為一交感神經節或一群交感節後神經原。但是交感神經節後纖維僅釋放無甲基腎上腺素。（Norepinephrine），腎上腺髓質則具有甲基轉化酶，可再進一步合成腎上腺素（Epinephrine）（圖 12-1），所以腎上腺髓質分泌無甲基腎上腺素及腎上腺素兩種物質（NOR 為德文 N-Ohne Radikal，無甲基之意）。這兩種物質的比例因動物種族而異，貓及若干動物無甲基腎上腺素占一半

以上，狗及人類則以腎上腺素爲主要（70～80％），但是在嗜鉻細胞瘤（Pheochromocytoma）的病人中，無甲基腎上腺素反而占較大的比例。

　　腎上腺髓質與皮質不同，去除髓質之後，動物仍可維持生命，但是其應付緊急情況的「防禦」反應則大爲減弱，當交感神經系統興奮時，腎上腺髓質的分泌也增加。另外，缺氧或缺血也可直接刺激腎上腺素的分泌。

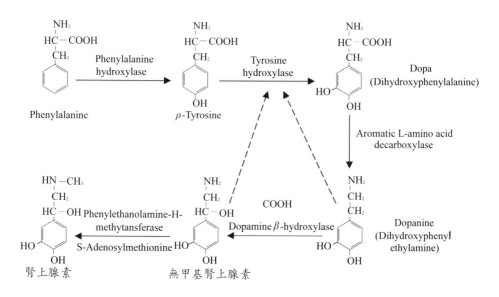

圖 12-1　腎上腺素及無甲基腎上腺素之生成。由 Phenylalanine 或 Tyrosine 逐步經酶的作用而生成。在交感神經末梢只生成到無甲基腎上腺素，在腎上腺髓質，則兩者均占有相當的份量

　　Epinephrine 與 Norepinephrine 的心臟血管系統作用有些微差異。關於腎上腺素性（Adrenergic）的藥理作用，可分爲甲、乙（α and β）兩型接受器的效果，乙型接受器又分爲 β_1（心臟）及 β_2（其他臟器）。甲、乙型接受器的觀念由 Ahlquist 在 1954 年提出，以前 Canon 認爲刺激交感神經在某些器官產生興奮現象，而在另一些器官產生抑制現象的原因，分別在神經末梢分泌興奮及抑制交感素（Sympathetin E and I），現在的觀

念則爲腎上腺素類物質作用在兩種不同接受器後產生的結果。對於心臟（乙$_1$），Epinephrine 及 Norepinephrine 均有刺激作用，直接的作用爲心跳變快及心收縮力加強，對於血管的作用，Norepinephrine 僅具有甲型接受器的作用，使血管收縮，周邊阻力上升，而 Epinephrine 同時具甲及乙$_2$的作用，小劑量可以使血管放鬆、血壓下降、周邊阻力減少；大劑量則使血管收縮、血壓上升、周邊阻力增加。

腎素－血管張力素系統（Renin-Angiotensin）

　　腎素（Renin）是由腎臟中一種特化細胞稱爲旁絲球細胞（Juxtaglomerular cells）所分泌，此旁絲球細胞位於每一腎絲球（Glomerula）進口細動脈（Afferent Arteriole）之管壁上，與此相近之遠端腎小管也有一種特化細胞，稱爲密斑（Macula Densa）（圖 12-2），旁絲球細胞與密斑細胞緊接相對，合稱爲旁絲球小體（Juxtaglomerular Apparatus）。

　　如圖 12-3 所示，腎素分泌之後，血漿中原來存在的血管張力素原（Angiotensinogen or Renin Substrate）分解爲具有十個氨基酸的血管張力素Ⅰ（Angiotensin Ⅰ），此物質爲非活性者，不具顯著之生理作用，經過轉化酶的作用，斷裂二個氨基酸變成血管張力素Ⅱ（Angiotensin Ⅱ），後者具有多種生理作用。近年來，有人認爲血管張力素Ⅱ再經一種胜酶的作用，而成爲具有七個氨基酸的血管張力素Ⅲ。Angiotensin 轉化酶（Angiotensin Converting Enzyme, ACE）主要存在於肺臟，但是血中、腎臟及其他器官也有少量的轉化酶。分解血管張力素Ⅱ成爲Ⅲ的胜酶在腎上腺中含量甚多，因此有人認爲血管張力素Ⅱ爲主要的升血壓物質，而Ⅲ則爲促進腎上腺分泌醛脂醇（Aldosterone）的主要物質。關於血管張力素Ⅲ的眞正作用現在未有定論。

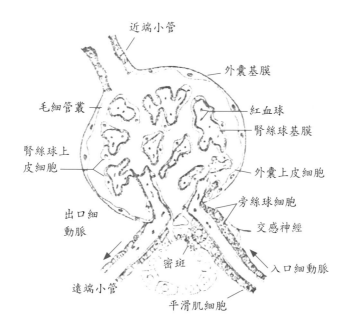

近端小管

外囊基膜

毛細管叢

紅血球

腎絲球基膜

腎絲球上
皮細胞

外囊上皮細胞

出口細
動脈

旁絲球細胞

交感神經

密斑

入口細動脈

遠端小管

平滑肌細胞

圖 12-2 旁絲球細胞、密斑及旁絲球小體之位置。
圖中央包含毛細管叢者為腎絲球，其入口細動脈鄰
近絲球處之細胞特化為旁絲球細胞，此細胞為腎素
分泌之所在。緊鄰相對之遠端小管亦有部分細胞特
化為密斑，旁絲球細胞加上密斑稱為旁絲球小體

　　至少有三種刺激可以促進腎素的分泌：1.減少腎動脈血壓或腎血流；
2.遠端腎小端的鈉離子濃度減少，這一作用是經過密斑的間接效果；3.交
感神經興奮。在全身足以產生這三種直接刺激中之一種或以上者有：鈉鹽
減少、利尿劑過量、低血壓、流血、失水、腎動脈狹窄、站立姿勢、心臟
衰竭等。關於血量變化經過心房接受器及迷走神經傳入徑而影響腎交感神
經活動以及腎素分泌的 Gauer-Henry 反射已在第十一章中描述過。

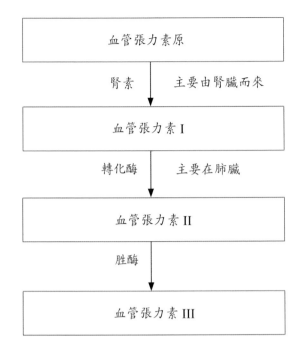

圖 12-3　血管張力素（Angiotensin）之形成及代謝

　　血管張力素有幾種生理作用：1.強力血管收縮作用，尤其是收縮細動脈使血壓上升；2.直接刺激中樞的交感神經機構，此一作用並非十分顯著；3.直接作用於腎臟減少水分及鹽類的排泄，但是血管張力素對於水分及鹽類的作用主要還是 4.促進腎上腺分泌 Aldosterone，後者是一種顯著減少鈉鹽及水分排泄的激素，Angiotensin 的這一作用是十分重要的，因此常常加上 Aldosterone 而稱為 Renin-Angiotensin-Aldosterone 系統；5.血管張力素促進周邊交感神經原合成以及釋放 Norepinephrine，而加強交感神經的功能。

　　血管張力素的作用有助於維持血壓及血量於衡定狀態，腎動脈狹窄或其他腎性原因產生的高血壓，至少初期的血壓上升，Renin-Angiotensin

甚至 Aldosterone 系統是一種重要的因素。某些本態性高血壓的病人，腎素在血漿的活性增高，血管張力素可能是產生高血壓的原因之一。

血管增壓素或節水素（Vassopressin or Antidiuretic Hormone）

血管增壓素（Vasopressin）也稱爲節水素（Antidiuretic Hormone, ADH），是由腦下垂體後葉（神經部分）所分泌。圖 12-4 所表示若爲血管增壓素由下視丘之旁室核（Paraventricular Nucleus）及視上核（Supra-Optic Nucleus）製造，然後經過神經纖維的輸送到達腦下垂體後葉貯存。腦下垂體的血管增壓素不但由下視丘製造，而且它釋放到血液的量也受到下視丘前部二核的神經衝動所管制。

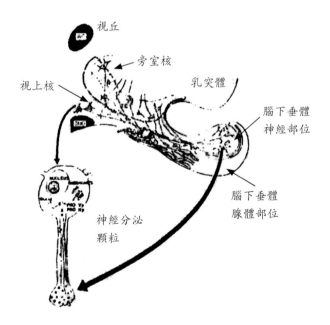

圖 12-4　血管增壓素（節水素）的分泌。下視丘之旁室核及視上核與腦下垂體神經部位相連，左下顯示此種相連細胞之放大圖。血管增壓素由下視丘二核合成之後，藉神經纖維送至腦下垂體，在後者貯存及釋放

　　血液中兩種因素的變化，可以直接或間接作用於下視丘旁室核及視上核而影響血管增壓素的分泌，血液滲透壓（Osmolality）的改變可經下視丘前部的滲透壓接受器（Osmoreceptor）感知，血漿滲透壓增加時，血管增壓素分泌增加；血漿滲透壓減少則血管增壓素分泌減少。下視丘的滲透壓接受器是否與製造血管增壓素的細胞相同，現在仍是未經確定的問題。另外一種有效的刺激為血量的變化，如果血量的減少（或增加）尚未顯著改變血壓時，心肺接受器（可能主要為心房接受器）經迷走傳入徑的衝動也發生減低（或增加），當血量之變化過大，血壓有了顯著的改變，位於動脈的感壓反射也加入調節血管增壓素的分泌。這些反射的傳入徑衝動與血量的變化量相同方向，而血管增壓素的釋放則與接受器之衝動呈相反方向。因此血量增加，血管增壓素分泌減少；血量減少則血管增壓素分泌增加。

　　血管增壓素或節水素的兩大生理作用為：1.血管收縮，增高血壓；2.作用於腎臟之遠端腎小管及收集管，增加水液的通透性，有利於水液的再吸收，亦即有抗利尿或節水的效果。這兩種作用，加上以上所述的調節作用，血管增壓素或節水素有助於維持身體血漿滲透壓，血量、甚至血壓於衡定狀態。

第十三章

高血壓
（Hypertension）

　　人體各部位血管均有血壓，不過「血壓」（Blood Pressure）一詞通常指的是動脈壓（Arterial Pressure），正常情況下，血壓因多種因素之調節而保持一恆定狀態，高血壓患者的動脈血壓則維持在較高的水平。影響動物血壓的主要機構有四：阻力性血管（細動脈）、容積性血管（靜脈）、腎臟及心臟。細動脈的張力影響周邊阻力，後三者對心輸出量有直接與間接的影響。周邊阻力及心輸出量的乘積即動脈血壓。控制血壓的幾個重要調節機構經由自主神經系統和腎素－血管張力素－醛類酯醇（Renin-Angiotensin-Aldosterone）系統而作用。高血壓之形成主要由於上述四個機構發生異常，而所有抗高血壓藥物不是直接作用於此四個位置機構，就是間接改變這兩個管制系統的作用。

動脈血壓之主要調節系統（The Major Reglulatory Systems of Arterial Pressure）

　　動脈血壓的調節主要為神經性及激素性：

交感神經系統（Sympathetic Nercvous System）

　　刺激交感神經系統引起細動脈（Arteriole）、靜脈（Vein）與細靜脈（Venule）收縮，心跳速率和收縮力增加及腎臟釋放腎素。這些反應都能使血壓上升。交感神經傳遞物為 Norepinephrine，這種胺類的合成在節後纖維末端囊內進行，合成過程為：Phenylalanine→Tyrosine→Dopa→Dopamine→Norepinephrine。交感神經末梢兒茶酚胺之生物合成（Catecholamine Biosynthesis）到 Norepinephrine 為止，腎上腺髓質（Adrenal Medulla）在功能上可視為一群交感神經末梢神經原，在此具有一種甲基轉送酶，稱為 Phenylethanolamine N-Methyltransferase（簡稱 PNMT），可以將 Norepinephrine 上 N 分子之 H_2 轉化為甲基

（CH_3）變成爲帶甲基的 Epinephrine，在人類腎上腺髓質約有 30% 的 Norepinephrine 及 70% 的 Epinephrine，而交感神經末梢神經原因缺乏 PNMT，因此 Norepinephrine 無法加上甲基變成 Epinephrine。Norepinephrine 的 NOR 源於德文，眞正的意思是 N 分子上無甲基（Without a Radical on N），所以 Nor 眞正的意思是無甲基或去甲基，Norepinephrine 國人常以爲 Nor 是正或新的意思，因此譯爲正腎上腺素或新腎上腺素，這是錯誤的，它既不正也不新，因爲腎上腺髓質的 Norepinephrine 僅有 30%，而 Epinephrine 因由 Norepinephrine 加上甲基才形成，它比後者還新，Norepinephrine 正確的中譯爲無甲基或去甲基腎上腺素。Norepinephrine 在交感神經末梢釋放出來後大部分與聯會後受體（Postsynaptic Receptor）結合，有一部分被循環帶走分解，一部分經由末梢的「胺泵」（Amine Pump）重吸收（Re-uptake）。胺泵的重吸收機構除了可以吸收 Norepinephrine 外，還能吸收許多胺類如：Guenethidine、Ephedrine 及 Tyramine 等。

腎素－血管張力素－醛類酯醇系統（Renin-Angiotensin-Aldosterone）

　　Renin 是腎臟旁絲球特化細胞（Juxtaglomerular Cells）所分泌的一種酶。下列作用均引起 Renin 分泌增加：降低腎動脈壓、遠側腎小管鈉濃度減少及刺激交感神經的乙型接受器。Renin 進入循環後可分解血液中一種球蛋白 Angiotensinogen 而成爲 Angiotensin I；Angiotensin I 在肺內被 Angiotensin Converting Enzyme（ACE）分解成爲 Angiotensin II，後者爲一種強力血管收縮物質，並可刺激腎上腺皮質分泌 Aldosterone，引起鈉鹽及水分在體內積留。

高血壓的成因（The Pathogenesis of Hypertension）

　　人類高血壓形成的原因為研究者有興趣之主題，因為高血壓為心臟血管疾病中最重要的危險因素，長期的高血壓是導致腦血管疾病、冠狀動脈疾病、腎血管疾病，以及心臟衰竭等病症的主要原因。國人之高血壓罹患率不低（18 歲以上年齡，平均約 14%），而多數之高血壓患者並未接受治療且有效控制血壓，因此造成腦中風及心肌栓塞之高盛行率，成為醫療照應之大問題。國內過去對於高血壓之研究，包括：流行病學之調查、臨床與基礎研究。基本上，長期持續性流行病學調查已提供國內疾病狀態之了解，並能初步歸納出危險因素及探討未能有效控制高血壓之後遺症，但仍未擴大為全國性之調查、登記及追蹤。臨床研究方面，包括：續發性高血壓之病因探討、新型降血壓藥之試用、高血壓併發症之防治、腎素—血管升壓素—留鹽激素等，以及高血壓相關之研究、高血壓病人脂質及脂蛋白、血流動力學、心室肥厚、超音波與藥物治療之研究等。在基礎研究方面，則有高血壓之神經管制、顱內壓增加之循環變化，中藥降血壓之研究、高血壓病人紅血球磷脂、脂肪酸與陽離子輸送酵素之生化研究、高血壓老鼠之動物模式、降血壓藥在中樞神經之機轉及血管升壓素之受體研究等，除外，高血壓鼠之血流動力、心室肥厚、感壓反射重調，以及腎功能變化等亦有相當探討。

　　要研究一種人類疾病的成因，最好的方法是直接拿人類作為實驗動物，由人類身上獲得資料，但是以人體為實驗模式有許多限制，研究者不能在人身上為所欲為，因此所得資料有限，同時因為人類的多種變異因素較大，研究者在實驗的設計中較難達到均勻取樣及嚴格控制或對照之目的。因此廣泛及深入的探討必須在動物身上進行，首先必須確立一種動物模式（Experimental Animal Model）。以高血壓為例，也就是在一種動物

身上產生持續性的高血壓，利用此動物來研究高血壓的成因、機轉，以及可能產生的病變，然後以研究所得資料選擇而應用於人體身上。

晚近醫學的研究者對於若干續發性高血壓（Secondary Hypertension）動物模式的確立有甚大進展。近五十年間，更成功了自發或遺傳性（Spontaneous or Genetic）高血壓動物的純種育養，由此展開了高血壓成因的探討。雖然有若干論點仍未確定，但是對於人類高血壓的成因已提供了不少線索。

高血壓動物模式的發展（Development of Hypertensive Animal Models）

Harry Goldblatt 於 1934 年首先在實驗犬身上造成一種持續性的高血壓，其方法為將狗之一側腎臟去除，另一側腎動脈則予以結紮使之狹窄，此種動物在數分鐘後血壓即開始上升，而且持續地維持在高血壓狀態。Goldblatt 的動物模式使得研究者得以在人體之外利用動物來深入研究高血壓，但注意力多集中於腎臟因素，特別是腎素－血管張力素系統（Renin-Angiotensin System），以及慢性血量過多（Chronic Volume Loading）等因素的重要性。表 13-1 列出幾種續發性高血壓（Secondary Hypertension）的動物模式，這些動物的血壓本來是正常的，由於某種或某些因素而造成高血壓，若干學者於是推論人類的高血壓是這些因素的一種或若干種造成的。其實這些動物模式僅分別相當於人類幾種續發性高血壓的模擬而已。在人類高血壓患者之中，續發性高血壓僅占 10% 左右，因此表 13-1 所列的動物模式並不代表眾多人類的原發或本態性高血壓（Primary or Essential Hypertension）。

表 13-1 **續發性高血壓之動物模式**

名稱	方法	研究者	年代
Goldblatt 高血壓	去除一腎，縮窄另一側腎動脈	H. Goldblatt 等人	1934
DOCA 高血壓	長期注射大量 De-oxycorticosterone (DOCA)	H. Selye, C. E. Hall 及 E. M. Rowley	1943
鹽類高血壓	長期飲用高張性食鹽水	L. A. Sapirstein, W. L. Brandt, 及 D. R. Drury	1950
Aldosterone 高血壓	長期注射大量 Aldosterone	F. Gross 及 H. Schmidt	1958
神經緊迫性高血壓	長期暴露動物於緊張狀態	J. P. Henry 及 J. A. Herd 等人	1967～1969

　　純種培育自發性或遺傳性高血壓動物（Spontaneous or Genetic）是經過代代選種交配的過程，表 13-2 列舉五種由遺傳基因傳遞的自發性高血壓動物，現在使用最多的為第三種，稱為京都種自發性高血壓鼠（慣稱 SHR），由 Okamoto 及 Aoki 於 1963 年推出，到現在的發病率幾達100%。第四種敏感型高血壓，並非一種顯然的高血壓鼠，而是比正常鼠對於鹽類較為敏感。第五種米蘭鼠較為特殊，腎臟的因素可能最為重要。這些高血壓動物形成高血壓的原因並不完全相同，意味著人類本態性高血壓也有不同形式的遺傳因子，由於遺傳因子不同，形成高血壓的傾向因素（Predisposing Factors）也有差異。一般而言，SHR 所表現的特性與多數人類本態性高血壓類似，其生命期雖較短暫，但在幾個月中由高血壓前期發展到惡性期，可以完全模擬人類本態性高血壓較長的病程。

表 13-2　自發性或遺傳性高血壓動物模式

動物名稱	研究者	年代
自發性高血壓兔 Spontaneously Hypertensive Rabbits	N. Alexander、L. B. Hinshaw 及 D. R. Drury	1954
遺傳性高血壓鼠（紐西蘭種） Genetically Hypertensive Rats, GHR （New Zealand Strain）	F. H. Smirk 及 W. H. Hall	1958
自發性高血壓鼠（日本京都種） Spontaneously Hypertensive Rats, SHR （Kyoto Strain）	K. Okamoto 及 K. Aoki	1963
Brookhaven 敏感型高血壓鼠	K. L. Dahl、M. Heine 及 L. Tassinari	1962
米蘭種高血壓鼠 Milan Strain of Hypertensive Rats, MHs	G. Bianchi 等人	1973

　　筆者於 1985 年代表國科會前往法國討論雙邊醫藥合作事宜，參觀里昂 J. Sassand 教授領導之心血管研究室，他們爲了研究天生性低血壓（Hypotension）的生理與病理等，特別花了將近二十年的時間培養了一種自發性低血壓鼠（Spontaneously Hypotensive Rats）。

自發性高血壓成因：SHR 的特性

　　SHR 的高血壓由多基因遺傳，而且因子相加（Genetic Enhancement），因此血壓一代比一代高，發病率也是如此。其形成高血壓之過程可分爲四期：1.高血壓前期（Prehypertensive Phase）：由出生到四星期；2.血壓不穩定期（Labile Phase）：五至十星期；3.穩定高血壓期（Established Phase）：三或四個月後；4.惡性期（Malignant Phase）（圖 13-1）。在高血壓形成的過程中，兩個造成血壓的因素：心輸出量及周邊血管阻力（血壓＝心輸出量×周邊阻力），有截然不同的變化，年輕的

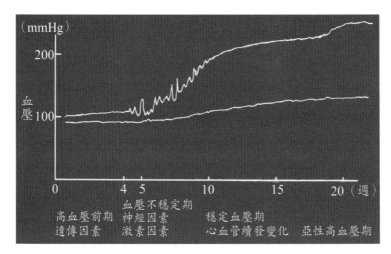

圖 13-1　正常鼠（WKY）與高血壓鼠（SHR）不同年齡血壓
（BP）之變化

SHR 其心輸出量較正常者為高，而周邊阻力則為正常；高血壓達到穩定
期之後，心輸出量變為正常或降低，而周邊阻力則大為增加。這兩種因素
的變化在多數本態性高血壓的患者也表現相同的過程。

　　什麼是主要的因素使血壓上升而持續？在高血壓形成的初期，神經
因素（Neurogenic Factor）是主要的角色。由於一些尚未明確的原因，
父母的遺傳因子使得下一代的神經中樞對於外界及內在的刺激較為敏
感，中樞的作用部位主要在邊緣──下視丘系統（Limbic-Hypothalamic
System），由此中樞發出之間歇性超正常興奮，使得交感腎上腺系統
（Sympathoadrenal System）的活動性提高，某些內分泌腺（如腎上腺皮
質及甲狀腺）的分泌也增加，同時也互為因果地改變了動物的行為，這種
老鼠較具侵略性，對環境及情緒的刺激常常表現過度的反應。

　　Hallback 等人及 Lais 等人將 SHR 在高血壓前期即予以隔離，免除聲
光的刺激，以及其他老鼠的接觸，血壓的上升則比未隔離之 SHR 慢且較
輕。但是此種隔離並不影響正常鼠的血壓。另一方面，SHR 雖然在未形

成高血壓之前即予隔離，其血壓仍然逐漸上升，而且比同齡之正常鼠爲高。此一觀察顯示 SHR 由中樞管制的交感神經活動，即使在缺乏環境刺激的情況下，仍然比正常鼠爲高，但是外界的刺激加強了血壓上升的速度及程度。

交感神經的活動性可由其末梢無甲基腎上腺素（Norepinephrine）之翻替（Turnover）速率表示，年輕的 SHR 其翻替速率遠較正常鼠爲高，當血壓逐漸上升及穩定後，則翻替速率較趨正常甚至降低。如果將高血壓前期的 SHR 利用手術或化學方法去除交感神經，則高血壓及續發之心臟血管系統變化均可大大地防止。這些實驗結果顯示交感神經系統的重要性，至少在引發高血壓的初期不可或缺，等到逐漸趨向穩定高血壓期之後，交感神經的影響則較不顯著。

在 SHR 形成高血壓的過程中，尚未有確實的證據表示腎功能異常是主要的原因，血量、血漿中的鈉濃度，以及鈉之吸收排泄平衡在年輕的 SHR 中均是正常的。關於血漿中腎素（Renin）的活性，成年 SHR 爲正常或稍低，年輕的 SHR 的腎素活性較高，可能是交感神經興奮而增加腎素旁絲球小體（Juxtaglomerular Apparatus）分泌腎素的結果。腎素的活性至少不是形成高血壓之必要條件。然而，由於長期高血壓的原因，慢慢產生續發性的腎臟及心臟血管系統變化，這些變化將在下面詳述，續發性的腎臟及心臟血管變化可能在高血壓的後期扮演較重要的角色。

某些內分泌腺的活動在 SHR 增加的現象反映下視丘—腦下垂體—內分泌線（腎上腺素及甲狀腺等）聯軸系統功能增加的結果，這些激素並非 SHR 高血壓的致生因素，可以視爲「加強」因素，對於高血壓之升高有輔助加強之功能而已。

心臟血管系統的續發變化（Secondary Changes or Remodeling of CV System）

　　心臟血管系統長期暴露於高血壓狀態中，足以發生適應性變化，最顯著的組織變化為心肌及動脈之平滑肌增生肥厚。

　　細動脈管腔變窄後，周邊血管阻力增加，即使在完全鬆弛狀態下，對血流之阻力亦較同樣狀態下之正常鼠血管阻力為高。圖 13-2 為利用恆定血流灌注腸繫膜循環的實驗結果，由灌注壓的變化表示血管阻力的變化，正常鼠（WKY）及高血壓鼠（SHR）在不同濃度無甲基腎上腺素及 phenylephrine 下的阻力曲線，可見 SHR 的血管阻力曲線比正常鼠為高，

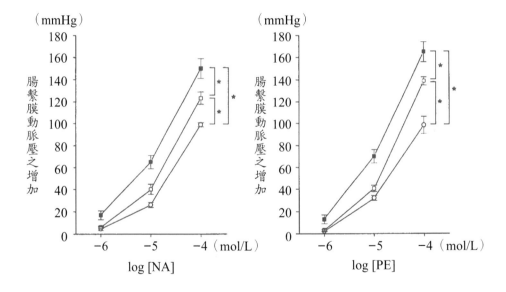

圖 13-2　恆定血流灌注腸繫膜，以 Norepinephrine（Noradrenaline, NA）或 Phenylephrine（PE）不同劑量在正常血壓鼠（WKY）及高血壓鼠（SHR）產生之灌注壓（MPP）變化，恆定血流灌注下 MPP 上升代表血管阻力增加。○-○曲線為 WKY；□-□為 SHR 以 4 mL/min；■-■為 SHR 以 6 mL/min 灌注。SHR 對血管收縮劑之反應較 WKY 明顯增加

而且曲線的斜率也較大，表示對於一定範圍之內的生理或藥理刺激具有比正常鼠較大的反應，此種反應度的增加可能不是血管平滑肌之敏感度增加的結果，而可以用血管的結構發生變化解釋，在一管壁較肥厚而管腔較狹窄的血管中，同樣程度的刺激即使發生與正常血管同等的收縮力，其半徑之縮小比例更為明顯，而血管阻力與半徑四次方成反比，因此阻力之變化也較明顯。另一方面，由圖 13-3 可以看出當血管極度收縮時，SHR 血管之阻力遠較正常鼠為大，表示在單一的阻力性血管（主要為細動脈）中具有較大的體積或數目的平滑肌。這種血管的組織及血流動力變化表現了一種肌應性（Myogenic）變化，可能再受到其他內分泌素的作用而加強。在 SHR，這些變化於出生後數週即迅速發生，對於血壓的增加及維持呈現一種「正性回饋」的作用。在高血壓發展的過程中，早期的中樞神經作用，使得血壓呈現間歇性的變化；到了後期，動脈血管的續發性變化則導致血壓走向一持續高水平狀態。

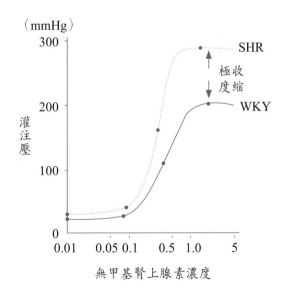

圖 13-3　不同濃度無甲基腎上腺素下血管阻力之變化。SHR 之血管極度縮幅度比 WKY 高約 100 mmHg（300 及 200 mmHg）之差異

　　血管的續發性變化不但在 SHR 中發生，在任何一種慢性高血壓動物中（表 13-1、13-2）均可觀察到。一旦血管發生了嚴重的變化，藥物的治療則效果不彰。在 SHR 的高血壓前期給予適當的藥物治療，可以使血壓變成正常，而且即使停藥後，血壓也不會在短期內上升。在高血壓形成後才給予降血壓藥物，不但血壓無法降低到正常，且一旦停藥之後，血壓又會在短期內升高。同樣地，對於高血壓鼠的壽命或死亡率，不同時期介入藥物治療也有截然不同的效果，治療越早，壽命越長，死亡率也較低；反之，在高血壓的後期給藥則壽命之延長有限，死亡率也較高。

　　在高血壓形成的過程中，血壓的調節系統有何作用？位於主動脈弓及頸動脈竇的感壓接受器（Baroreceptor）「重調」（Resetting）其作用點於較高的血壓範圍，此種「重調」的機轉可能是動脈續發性變化的結果，由於主動脈及頸動脈管壁變厚，因此可脹度減小，要在感壓接受器的部位產生一定程度的牽扯（Stretch）而引發降血壓反應，必須要較高的血壓，因此雖然全身血壓升高了，但是感壓接受器遏止血壓上升的作用大為減小，換句話說，感壓接受器雖面對著高水平的壓力，卻無法發揮顯著的代償作用。

　　依照蓋頓（Guyton）等人的「血壓利尿」（Pressure Diuresis）理論，如果血壓上升，腎臟必定排泄較高的尿液而使血量減少，所以如果腎臟功能對血壓的變化有正常的反應，高血壓應不至於發生。姑且不論此一理論是否完全正確，SHR 的血量、尿量及鈉鹽等的排泄與正常鼠無異，表示「血壓利尿」現象並未在 SHR 中發生。也許腎臟中血管的續發性變化可以解釋此一原因，虎高（Folkow）等人發現腎絲球細動脈也發生增生肥厚的變化，由於管腔變窄而增加阻力，所以雖然血壓上升，但是腎絲球內靜液壓則接近正常。此種變化，也許是腎臟在面對高血壓情況下失去了「血壓利尿」調節作用的緣故。

其他種類自發性高血鼠的特性

　　表 13-2 列舉的數種自發性或遺傳性高血壓鼠中，紐西蘭種 GHR 與日本京都種 SHR 兩者相近，只是高血壓發生較早。初期的神經因素及後期的血管變化，對於高血壓之形成及維持均類似 SHR 的特性。

　　嚴格而言，Brookhaven 敏感型高血壓鼠不能稱爲「自發性」，因爲此種高血壓鼠雖具遺傳性，但在飲食中需加入較高的鹽分才能引起高血壓，不過引起高血壓所需的鹽分又遠較正常鼠爲低，因此稱爲「敏感型」，表示高血壓的發生之主要機轉在氯化鈉鹽之代謝等腎功能之異常，人類的原發性高血壓中有一部分類似這種高血壓鼠的特性，此種病人並無明顯的高血壓，但血壓在飲食中鹽分增加後則很容易上升。

　　MHS 是由義大利 Bianchi 等人培育的較新種自發性高血壓鼠，其高血壓之程度較 SHR 或 GHR 爲輕，而且主要爲心縮壓升高。此種高血壓鼠的出現以及往後的研究，使人們一度再認爲腎臟功能異常是造成高血壓之主要原因。Bianchi 等人將 MHS 的腎臟與正常者互相交換移植，十分有趣的發現：正常鼠的血壓升高，而 MHS 的血壓回復正常。MHS 的腎功能的確有若干異常，年輕 MHS 的腎絲球濾過率（Glomerular Filtration Rate, GFR）約比正常者低 25%，血量卻較高，到了長成後，GFR 及血量趨向正常。再者，形成高血壓前後，血中腎素均爲正常或稍低。MHS 形成高血壓之機轉可能肇因於較低的 GFR，或加上近端腎小管之鈉吸收過高，以致造成鈉鹽及血量積留現象，因此心輸出量增加；到了後期，由於全身血管對高心輸出量的一種「自我調節」（Autoregulation）反應，以致細動脈收縮，使得心輸出量正常而提高了周邊血管的阻力，因此逐漸形成高血壓，當血壓升高之後，血管組織結構上的續發變化，更加強了高血壓的結果。此種 MHS 也代表了一部分人類原發性高血壓的形式，其特性

為血漿中腎素正常或低，而缺乏交感神經或內分泌活動增強的跡象。

推論（Proposition）

　　人類高血壓罹患率 18 歲以上年齡平均約 14%，年齡越高，罹患率越高，全民之平均罹患率約達 20% 以上。人類高血壓 90～95% 為原發性高血壓（Essential Hypertension），其原因尚未十分明瞭，需要抗高血壓藥物長期治療，約有 5% 之病人為腎上腺髓質嗜銀細胞瘤（Chromaffin Tumor or Pheochromocytoma），或皮質分泌大量 Cortisone，導致 Aldosterone 增加、鹽分（NaCl）積留。腎動脈狹窄及其他腎異常激發腎素（Renin）、血管張力素（Angiotensin）及 Aldosterone 系統。主動脈狹窄（Coaractation of Aorta）、血管硬化（Atherosclerosis）及甲狀腺機能過高（Hyperthyroidism），此外腦部受傷（Head Injury）、腦瘤（Brain Tumor）、顱內壓（ICP）增加、神經性（Neurogenic）或心理壓迫（Psychosomatic）均可導致續發性高血壓（Secondary Hypertension）（圖 13-4）。

　　人類的原發性或本態性高血壓，及若干種類的自發性高血壓鼠一樣具有遺傳的傾向。經過一種尚未明白的機轉，多種遺傳因子使得特定的一種或多種因素發生改變，這些因素是造成高血壓的原因。

　　日本京都種 SHR 及紐西蘭 GHR 可以代表多數的人類本態性高血壓特性。由這兩種高血壓鼠的研究結果，顯示初期高血壓形成的主要原因是神經性的（Neurogenic），中樞神經（尤其是邊緣－下視丘系統）對於環境等刺激的過度敏感，增加了交感神經的活動，血壓因此上升。

　　其他種類的高血壓鼠也顯示了人類本態性高血壓的若干不同型態，遺傳因子使得腎功能有了某種異常，在一些病人，腎臟因素可能是引發高血壓的主因。

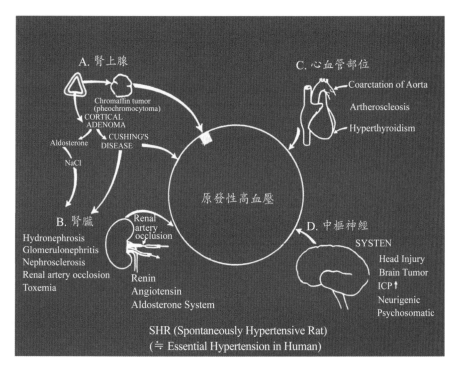

圖 13-4　人類原發性（Essential Hypertension）及續發性（Secondary Hypertension）高血壓。原發性高血壓約占全部高血壓病人的 95%。續發性高血壓可由四個器官發生病變，A. 腎上腺（Adrenal Gland）；B. 腎臟（Kidney）；C. 心血管部位（Cardiovascular）；D. 中樞神經（Central Nervons System）。

　　不論何種型態的高血壓鼠，後期續發的血管組織及血流動力變化使得血壓由間歇性的升高而趨向持續，同時血壓與血管變化之間有相互加強的作用，一旦血管的續發性變化嚴重存在，降血壓藥物的效果則不太理想。高血壓常見併發症為心肌梗塞（Myocardial Infarction）、腦中風（Stroke）及腎功能惡化。

　　雖然有許多問題尚未得到解答，由自發性高血壓鼠的研究資料，使得我們在了解本態性高血壓成因的路上有了很大的進步。

第十四章

急性肺損傷與急性呼吸窘迫症（一）
Acute Lung Injury and Acute Respiratory Distress Syndrome（Ⅰ）

　　筆者從 1973 年（民 62）以前開始致力於各種原因之急性肺損傷（ALI）與急性呼吸窘迫症（ARDS）之研究長達約四十載，不但以整體動物，而且以離體肺（圖 14-1）研究肺動脈壓、血流、毛細管壓，毛細管通透性及肺重變化等；由麻醉鼠再進一步利用清醒鼠動物模式（圖 14-2），以避免麻醉劑之干擾，晚近更與病理及內科醫師專家合作研究多種感染引發急性呼吸窘迫症之可能機轉及治療之道。

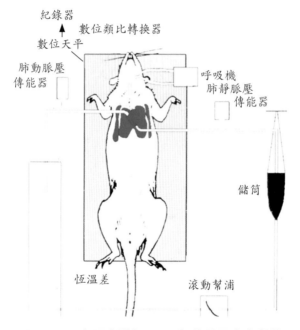

圖 14-1　本研究隊於 1970 年代發展之大鼠離體肺製備，此分離肺不必由身體取出即可測得肺重變化，正確名稱應為「分離肺原位裝置」，我們當時利用此一模式，在國防及三總心肺研究室完成多項實驗，此一裝置仍然為研究利器之一

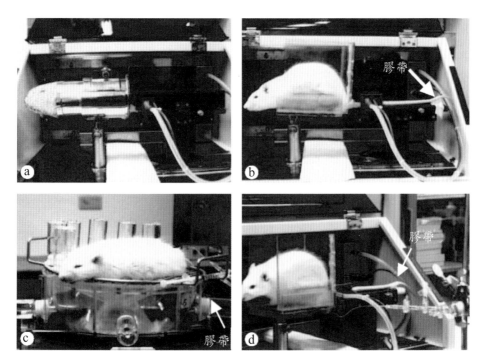

圖 14-2　慈濟心肺研究室於 2002 發表之清醒鼠動物模式。大鼠可不必麻醉，也不受拘束，可自由飲水取食，僅將尾巴用一膠帶固定，即可在實驗架上停留數日之久。本實驗利用此一不受麻醉劑干擾之清醒鼠模式完成多項研究，至今仍廣為應用。a 為傳統之拘束法，為了測量尾動脈壓，大鼠被塞入拘束圓筒，還要加熱。b、c 及 d 分別為清醒鼠固定尾巴之不同時間狀態，此圖用於比較動脈血壓的測量，顯示清醒鼠之動脈血壓測量比拘束鼠正確而穩定

　　ALI/ARDS 發生之原因很多，包括：頭部受傷、顱內高壓、敗血症及感染（細菌、病毒及立克次體等）；此外，肺部氣栓、血栓及脂栓塞等亦會發生 ALI/ARDS，而眾多危險因素會在下一章詳述。

神經性肺水腫（Neurogenic Pulmonary Edema）

　　早期動物實驗與臨床觀察指出頭部受傷及顱內壓（Intracranial

Pressure）上升會導致致死性肺水腫，1933 年 Weisman 報告 220 例顱內病變（主要為顱內高壓及顱內出血，少數顱內腫瘤）病人之死後病理解剖，高達 80% 以上有肺積水及水腫，甚至出血現象，他還觀察許多病人與頭部受傷後短時間內（數小時甚至數分鐘）發生致死性肺水腫出血，但原因不明。若干動物實驗（包括猩猩、犬、貓及鼠等）也顯示顱內高壓會迅速引發肺出血性水腫，形成原因有人認為腦部壓迫激發下視丘「肺水腫發生中樞」，可能與交感神經有關，但亦有主張迷走神經興奮引起心跳變慢才是主因。

　　1973 年（民 62 年），筆者一方面就讀國防醫學院生理研究所碩士班，一方面在臺北榮民總醫院柯柏醫學研究館從事循環與神經生理研究工作，幸運地在大白鼠身上成功發展腦部壓迫（Cerebral Compression）引發致死性肺水腫出血之動物模式，在麻醉大白鼠的頭皮切開露出頭骨，利用牙科鑽子將頭骨鑽洞，將顱骨取開後，壓入一小塊模型泥到顱內，此時突然異象出現，血水不斷從大白鼠鼻腔流出，剪開胸骨，發現肺臟變成血紅色如肝臟，而且脹大，剪開氣管及肺組織，血水不斷流出，再做隻老鼠，發生相同現象，取兩隻安樂死大白鼠肺臟比較，正常肺臟小小的呈粉紅色，秤重比較，接受胸部壓迫後的肺重為正常之 3～5 倍（圖 14-3、14-4）。實驗室的同仁一起欣賞胸部受傷鼠之後致死性肺水腫，其實是出血性水腫，老師及同仁，尤其是筆者十分興奮，終於找到腦部壓迫使大白鼠產生出血性水腫之動物模式！後來筆者又加以改良，不再使用模型泥壓迫，而改用小兒科使用過的心導管，打入食鹽水脹開顱內氣球，並且同時測量顱內壓，以此動物模式（圖 14-5），筆者陸續完成了一系列的動物實驗，也在蔡作雍及王雪華老師（客座教授）指導下撰寫兩篇此領域的論文，刊登於《美國生理學會雜誌》（1973 及 1974），首先對於頭部受傷產生神經性肺水腫的重要發現：下視丘之「肺水腫發生中樞」與腦部壓迫產生之神經性肺水腫無關，迷走神經引起之心跳變慢無太大作用。其

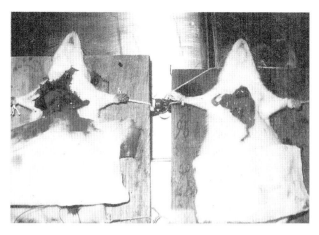

圖 14-3　腦部壓迫後肺部產生病變之外觀。右邊為開
胸後之正常肺，成粉紅色；左側動物為接受腦部壓迫
後之病態肺臟，外觀呈重出血性水腫，其色如肝，而
且整個肺臟脹大約正常肺之三倍

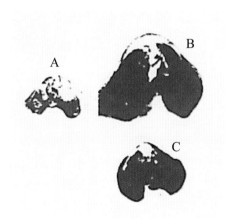

圖 14-4　取出肺臟外觀，A 為正常肺，
B 及 C 為大鼠腦部壓迫後不同程度之出
血性肺水腫（B 較 C 嚴重）

發生之主要原因為激發延腦之交感神經機構，導致體循環及肺循環阻力性及容積性血管收縮，引發一連串之血流動力變化，進而造成血量移積於肺循環，最後因肺循環血壓急速而劇烈增加而引發肺水腫及出血（圖14-5）。然而血量移積於肺循環之原因則並不十分清楚。在這一報告中，我們利用一系列的研究，更進一步闡明肺循環中血量及血壓增加的機轉：

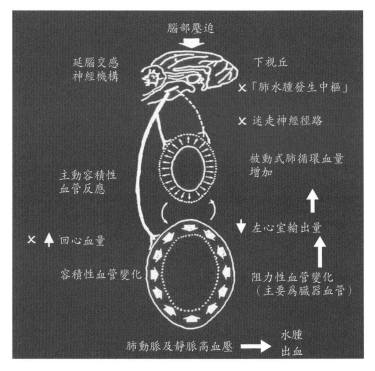

圖 14-5　綜合分析顱內壓增加或腦部壓迫引發神經與血流動力變化之交互作用，以及產生肺出血性水腫之機轉（以「×」表示關係不大，以箭頭表示上升及下降）。其中容積性血管變化反應之重要性尚無定論

1. 利用局部秤重法，發現腦部壓迫之後，血量急速由體循環移積於肺循環。

2. 放置血流傳能器於主動脈壓及肺動脈壓，腦部壓迫後產生左右心輸出量不平衡，不平衡之情形為主動脈血流急速下降一半，而肺動脈血流緩慢下降。

3. 利用左心旁道以維持恆定之主動脈血流，腦部壓迫僅能產生全身動脈壓上升，肺部之病變並不顯著，肺重與正常鼠無異。

4. 利用右心旁道，將靜脈血引致儲筒，以恆定血流灌注肺循環，腦部壓迫產生血壓上升，左心房壓增高，儲筒血量減少，
同時有嚴重之肺水腫出血，但是肺循環阻力變化輕微。在右心旁道之大白鼠壓迫腦部產生之左心房壓增高幅度，以及肺病變之程度均較對照組（自然循環）者嚴重。以上之觀察顯示肺部血量的移積，主要由於左心室急速衰竭，而左心輸出量嚴重減少所致。由於全身靜脈收縮增加回心血流之可能參與並不重要。換言之，肺部血流之沉積是由於出流之減少，而非由於入流之增加。

5. 在右心旁道中，切除胸部交感神經節（由星狀節至 T_4）對壓迫腦部反應的作用為：不影響血壓上升、儲筒血量下降及肺循環阻力之變化，但是減輕了左心房壓上升的幅度，以及肺病變的程度（約為未切除交感神經節前的 2/3）。結果顯示肺部在血量增加之情況下，肺循環由於交感神經之作用產生的血管活動影響血管阻力並不顯著，但可能改變肺循環之可容度（壓力—容積關係），以致加重了肺循環內血壓上升之幅度及肺水腫出血之程度，如同一脹大之氣球受外力壓迫容易破裂。

敗血症休克（Septic shock）

敗血症是人體強力發炎反應，可引發致死性多重器官衰竭，急性肺損傷或急性呼吸窘迫症為主要致死原因，微生物感染造成菌血症，盲

腸炎破裂引發腹膜炎及藥物中毒爲產生敗血症休克之常見原因。動物實驗利用盲腸穿刺或靜脈注射脂多醣體（Lipopolysaccharide）之內毒素（Endotoxin）兩種方法，引發內毒素休克後，全身血壓迅速下降，心跳加快，白血球、淋巴球、中性球及紅血球減少，Blood Urea Nitrogen、Creatinine、Amylase 及 Lipase 增加，Asparate Aminotransferase、Alanine Aminotransferase、Creatine Phosphokinase 及 Lactic Dehydrogenase 增加。Nitrate/Nitrite、Methyl Guanidine、Tumor Necrosis Factor$_\alpha$ 及 Interlucin-1$_\beta$ 上升，Neutrophil Elastase、Myeloperoxidase 及 Malondialdehyde 顯著增加。內毒素引發多重器官衰竭，特別標的器官有肺、胃及心。急性肺水腫導致肺重、呼氣一氧化氮量、氣管肺泡沖洗液蛋白量及肺組織染色追蹤劑（Evans Blue）增加；病理切片觀察顯示嚴重肺水腫及浸潤及發炎細胞侵潤，以病理定量之肺損傷指數（Lung Injury Score）增加。肺組織之誘導性一氧化氮合成酶（Inducible Nitric Oxide Synthase, iNOS）之基因表現上升。

脂栓塞引發肺損傷（Acute Lung Injury Caused by Fat Embolism）

脂肪栓塞症候群（Fat Embolism Syndrome）是一種嚴重臨床問題，通常發生於撞擊創傷導致長骨斷裂之後，骨頭脂肪或脂肪酸進入血液中，可能是脂肪栓塞症狀群之起始原因，依據 Pettier 早期（1969, 1988）之理論，脂肪顆粒導致微小血管阻塞爲脂栓塞症狀群之初期物理表徵（Physical Phase），而後肺臟或其他器官之脂解酶（Lipase）將中性脂肪（Neutral Fat）分解爲自由脂肪酸（Free Fatty Acids），後者爲對肺細胞極具毒性之物質，甚至引發化學介質（Chemical Mediators）釋放，產生化學毒性作用（Chemical Phase），肺病變及多重器官衰竭。

晚後臨床觀察發現脂肪栓塞症狀群併發呼吸窘迫症之病人，其氣管

肺泡沖洗液具有大量巨噬細胞，同時磷酸脂解酶A_2（Phospholipase A_2）含量增加。先前診斷脂栓塞症狀群之方法以 Gurd Criteria 爲參考，Gurd（1970, 1974）指出脂栓塞症狀群，包括：呼吸窘迫、全身出血性發疹及神經症狀（如失憶昏迷等），但 Gurd Criteria 之特殊性（Specificity）並不高，因此病人氣管沖洗液中之巨噬細胞及 Phopholipase A_2 可作爲診斷之參考，同時也顯示 Phopholipase A_2 可能爲脂肪栓塞症狀群之可能化學因子之一。本研究室與病理學系合作於 2003（*Clinical Science* 期刊）發表六位因脂栓症而產生呼吸窘迫症之病人，不但發現 Free Fatty Acid 增加，且血中 Serotonin 及 Nitrate/Nitrite 也大量增加，表示一氧化氮也可能在脂栓症中扮演傷害角色。進一步與內科醫師共同在報告八例因脂栓症而併發急性呼吸窘迫症而死亡之病人（*Clinical Science*, Kao et al., 2007）對於脂栓症發生之臨床生理、病理及生化變化有更深入之分析，病人因撞擊受傷，長骨斷裂之後於兩小時內產生呼吸窘迫症而死亡，胸部放射照相顯示病人住院時，肺部清晰，但是會迅速出現嚴重肺浸潤，動脈血 pH 及 PaO_2 下降，而 $PaCO_2$ 上升，血漿中 Phospholipase A_2、Nitrate/Nitrite、Methyl Guanidine、Tumor Necrosis Factor$_\alpha$、Interlukin-1_β 及 Interleukin-10 顯著上升，病理切片觀察顯示肺泡出血性水腫，多重脂肪微粒沉積及纖維蛋白栓塞（Fibrin Embolisization），脂肪小粒在肺（100%）、腎（25.0%）及腦（62.5%）之細動脈及毛細管，免疫染色發現誘發性一氧化氮合成酶（Inducible Nitric Oxide Synthase, iNOS）在肺泡巨噬細胞及內皮細胞有很高的表現（圖 14-6）。到目前爲止，本實驗室大概收集了國內外最多脂栓症病發急性呼吸窘迫症（共 14 例）。

　　過去曾使用三酸甘油脂（Triolein）或十八烯酸（Oleic Acid）引發脂栓症及肺損傷其效果並不一致，並且純 Triolein 99% 與 66% 之效果有其差異（66% 的效果反而比 99% 好），亦有在動物身上打斷長骨造成骨折之方法，甚至臨床報告因隆乳而產生矽膠栓塞死亡之病例。

　　最近本實驗室以玉米油（0.2 mL）混合等量純水，形成脂肪懸浮小顆粒，以此脂肪小顆粒靜脈注入麻醉鼠身上，不但產生嚴重肺損傷，發生呼吸窘迫症，組織切片染色顯示嚴重之肺泡出血性水腫，脂肪微粒堆積以及

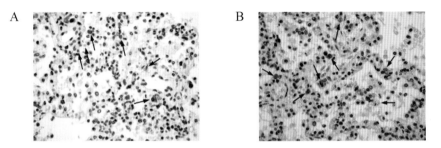

圖 14-6　免疫組織化學染色顯示脂肪栓塞引發誘導性一氧化氮合成酶（iNOS）（箭頭）表現在巨噬細胞（A）及內皮細胞（B）

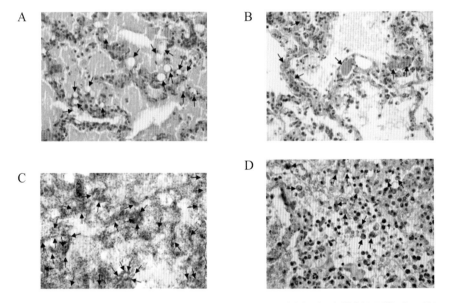

圖 14-7　病理檢查顯示肺泡水腫及出血，併有脂肪微粒沉積（A 箭頭），纖維蛋白栓堆積（B 箭頭），脂肪染色可見在肺組織中堆積許多脂肪微粒（C 箭頭），免疫組織染色發現肺泡巨噬細胞有很高的誘發性一氧化氮合成酶（iNOS）表現

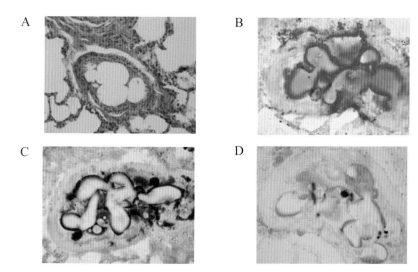

圖 14-8　組織染色顯示脂肪微粒堆積在肺細動脈管腔內：A.
Hematoxylin α Eosin 白色；B. 脂肪 Oil Red 染色，橙紅色；C. 脂肪
Sudden Black 染色，褐色至黑色；及 D. 脂肪 Sudden III 染色，呈
橘色

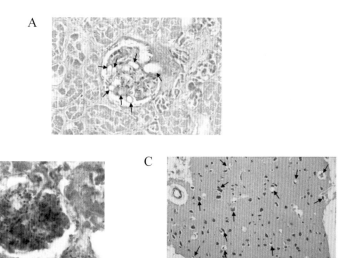

圖 14-9　病理檢查發現脂肪微粒存在於腎絲球（A，箭頭為 Hematoxylin
和 Eosin 染色）且（B，脂肪染色）呈褐色，並且堆積於腦毛細管（C，
箭頭為 Hematoxylin 和 Eosin 染色）

纖維蛋白栓，利用特殊脂肪染色（Tracy & Walia, 2002）發現肺臟、肺細動脈、腎絲球、腦毛細管均有脂肪微粒（圖 14-7、14-8、14-9）。此一動物模式曾利用於研究 N-Acetylcysteine 對脂栓症之保護作用，動物引發脂栓症之前或後給予 N-Acetylcysteine，有減輕或避免因脂栓症產生之肺損傷。

微生物感染而導致之急性呼吸窘迫症（Acute Respiratory Distress Syndrome due to Microorganism Infections）

急性呼吸窘迫症常因微生物感染而發生，微生物包括細菌、立克次體及病毒等。細菌性感染導致敗血症引發急性肺損傷或呼吸窘迫症前面已討論過，一種較少見之細菌感染可能導致呼吸窘迫症的螺旋桿病（Leptospirosis），為一種人畜共通疾病，由病媒動物如貓、狗及蝙蝠等動物尿液中含有之螺旋桿菌（Spirochaetes Bacteria）所感染，本實驗室與慈濟病理科及新光醫院共同報告五位因螺旋桿菌引發急性呼吸窘迫症死亡之病例（Pathology 期刊，2007）。這些病人在田間工作，皮膚傷口受螺旋桿菌感染，最後因呼吸窘迫症致死，臨終之前，發生嚴重低血壓及心跳變慢，利用頻率分析血壓及心跳變異度顯示自主神經失調，交感神經活性下降而副交感神經活性上升，病理觀察顯示散生性肺泡出血、心肌炎、門脈發炎及組織性腎炎（Interstitial Nephritis），組織化學染色發現肺泡有大量螺旋桿菌體，免疫組織化學染色顯示誘發性一氧化氮（Inducible Nitric oxide synthase, iNOS）在肺、心、肝及腎小管之表現增加。血球計數顯示血球比重及血小板下降，白血球上升，酸鹼值（pH）及動脈血氧分壓（PaO_2）下降而碳酸值（Bicarbonate）上升。生化檢驗結果，血糖、Nitrate/Nitrite、Methyl Guanidine、Creatinine、Blood Urea Nitrogen、Creatinine Phosphokinase、Glutamic Oxaloacetic Transaminase 及 Amylase 顯著增加。病例分析表示螺旋桿菌造成肺損傷及多種器官衰竭，其病變可

能與誘發性一氧化氮合成酶（iNOS）及一氧化氮生成有關。

　　恙蟲病（Scrub Typhus）其病原爲 Orientia tsutsugamushi，是一種立克次體疾病，由蚤蝨類寄生蟲叮咬傳染，此病本來甚爲輕微，鮮少死亡病例，但若干病例可能發展爲呼吸窘迫症而死亡，本研究室與病理科發表兩例恙蟲病併發肺損傷（Pathology 期刊，2008），病人因蚤蝨叮咬發生發燒、發冷、咳嗽、腹痛及肌肉無力等症狀而住院，不久發生呼吸窘迫症，終至呼吸衰竭。病理解剖發現全身淋巴腫大，肺重約爲正常的兩倍，肉眼視察呈現水腫及出血（圖 14-10），顯微檢查發現散生性肺泡破壞，水晶狀膜（Hyaline Membrane）形成，組織性肺炎（Interatital Pneumonitis）加上發炎細胞侵襲，免疫組織化學染色顯示病原 O. tsutsugamushi 抗原沉積於內皮細胞，在肺泡巨噬細胞中及肺組織碎片中有大量 iNOS（圖 14-11）。此一臨床報告及分析表示急性呼吸窘迫症可能爲恙蟲病致死原因，O. tsutsugamushi 立克次體直接經由血管內皮細胞侵犯宿主器官，iNOS 及 NO 也在恙蟲病併發呼吸窘迫症具破壞之角色。

　　病毒（Virus）感染經常引發急性呼吸窘迫症，普通流感、禽流感、新型流感（H1N1）及冠狀病毒（Coronavirus）引發 SARS，均曾引發流行性或散生性之呼吸窘迫症。比較罕見的病毒感染引發 ARDS 有腸病毒 71（Enterovirus 71）。1998 及 1999 年，國內於林口長庚醫院首先發表因 EV 71 感染發生肺水腫之臨床表徵與危險因素，新光醫院與慈濟大學合作發表 48 位罹患 EV 71 小孩（29 男及 19 女），年齡 6〜18 歲（Clin. Infect. Dis., 2004），所有病患因手足口發疹而住院，由直腸、喉嚨及疹疱取樣，以 EV 71 單株抗體免疫螢光檢測發現 EV 71 病毒，直腸有 8%（4 例），喉嚨 71%（34 例），疹疱 81%（39 例），胸部放射照像顯示肺部清晰，不久開始出現症狀，如：流汗、失眠、驚嚇反射、心悸、呼吸困難、嘔吐、皮膚發冷，以及口溫升高等症狀，經過一般及呼吸治療八天

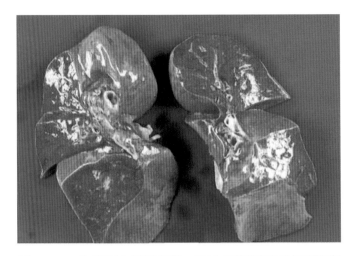

圖 14-10　恙蟲病之肺臟外觀，左右肺均有嚴重之肺出血
性水腫，肺重量與正常肺比較，明顯增加

彩

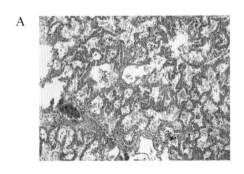

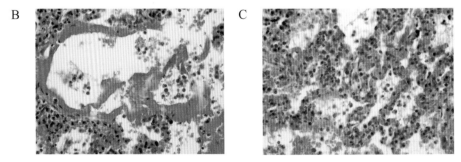

圖 14-11　A. 恙蟲病病人肺部顯現明確之肺泡損傷；B. 水晶膜形成（Hy-
aline Membrane Formation），以及 C. 組織性肺炎加上發炎細胞浸潤

後，上述症狀，包括手足口發疹逐漸在 27 位病人（15 男 12 女）減輕消失；21 例（14 男 7 女）發生嚴重呼吸困難、高血糖、白血球增加、血氧分壓降低，以及血壓與心跳波動，這些受害孩童在發生呼吸窘迫症之後四小時內宣告死亡，胸部放射照相顯示嚴重肺浸潤，腦脊液中白血球及蛋白質含量增加。在呼吸窘迫症發生之前，病人血壓與心跳均在正常範圍內，不久血壓心跳上升且波動，死亡之前，血壓心跳突然下降，血壓及心跳變異度分析顯示交感神經活性先增加，隨後交感神經活性降低，代以副交感神經興奮，同時血壓及心跳驟降。21 位死亡病例僅有 4 位家屬同意屍體解剖。腦部解剖有很高的參考價值，腦病灶以抗 EV71 之單株抗體做免疫組織化學染色，腦組織病灶呈現軸突及樹突形成神經節結。病毒破壞大部之部分集中在延腦之內側（Medial Portion）及尾側（Caudal Portion），平切面顯示延腦腹部幾乎全部遭 EV71 侵害，僅有少數病灶見於背部、唇部（Rostral Portion）、皮質、橋腦、小腦及其他地方。延腦之病灶大約相當於中樞降壓（Depressor Areas），因此中樞交感神經興奮，此一論點與血壓及心跳變異度分析一致，但是在死亡之前，交感降低而副交感上升，血壓與心跳驟降，如此自主神經活性突然轉向之變化原因尚未明瞭。病理切片顯示嚴重出血性水腫，利用反轉錄聚合酶（RT-PCR）方法偵測肺泡組織，發現 EV71 因 ARDS 死亡之病人誘發性一氧化氮合成酶（iNOS）之表現，比存活病人高達 5～6 倍，表示 NO 及 iNOS 可能扮演傷害角色。

　　日本腦炎（Japanese B Encephalitis, JBE），在國內引發呼吸窘迫症並不多見，我們（新光與慈濟）在 2001～2003 兩年之中，共收集了 6 位（3 男 3 女）JBE 併發 ARDS 之病例，年齡 25～44 歲。病人住院時，肺部照影清晰，不久發生呼吸困難、發紺及全身無力，大約七天後出現呼吸窘迫症、肺部嚴重浸潤，終至心跳停止，死亡之前利用導管測量肺動脈

壓高達 56～68 mmHg（正常 12～17 mmHg），肺重達 870～969 g（正常 350～400 g），病理觀察顯示正常肺泡構造已經消失，氣泡中充滿紅血球及滲透物，與 EV71 之病毒病灶十分相似，在延腦 JBE 病毒破壞之部位遍及內側、尾側及腹側，與 EV71 之區域也大約相同，但 JBE 並不增加血中非飽和脂肪酸，cGMP、Serotonin 及 Nitrate/Nitrite 等生化因素。

狂犬病（Rabies）現在已極為罕見，狂犬病併發呼吸窘迫症更是少見，我們 2008 年發表一病例（Pathology, 2008），依照衛生署疾病管制局紀錄，此為三十年來國內唯一病例。一位 36 歲婦人遭狗咬傷，感覺不舒服，背痛、咳嗽及冒汗等，她因怕水及發燒而住院，依其病史，初步診斷為狂犬病。住院時，胸部放射照影顯示肺部清晰，但是六天之後突發呼吸窘迫及低血壓，生化檢測顯示肝、胃及胰臟等器官受損，血壓及心跳變異度分析指出，交感神經活性下降而副交感神經活性增加，導致血壓及心跳下降。病理解剖發現肺重增加，散在性肺泡損傷加上淋巴球浸潤，免疫組織化學染色顯示肺泡巨噬細胞富含誘發性一氧化氮合成酶（iNOS），腦部病灶位於皮質、腦幹、下視丘及小腦。腦幹病毒破壞以主要侵犯延腦之側部、唇部及背部，與腸病毒（EV71）及日本腦炎（JBE）完全不同。

第十五章

急性肺損傷與急性呼吸窘迫症（二）
（Acute Lung Injury and Acute Raspiratory Distress Syndrome Ⅱ）

急性呼吸窘迫症（ARDS）為急性肺損傷（ALI）之極嚴重模式，而且為一高死亡率之臨床急症，多種內外科疾病可能造成急性肺損傷或急性呼吸窘迫症，下列為主要異常原因：敗血症、細菌性肺炎、病毒感染、創傷、輸液過多、酸液吸入、藥物中毒、脂肪栓塞、空氣栓塞及缺血／再灌流等。我們的心肺研究室長期致力於急性肺水腫／急性呼吸窘迫症之動物與臨床研究，對於此一重症機轉探討有不少論文發表，並且利用整體動物（麻醉及清醒）及離體肺，對於 ALI/ARDS 的可能治療也有相當研究。

危險因素（Risk Factors）

動物實驗與臨床研究指出引發 ALI/ARDS 之主要危險因素，包括：頭部受傷、顱內高壓、敗血症，以及感染（細菌、病毒及立克次體等）；肺部栓塞，如脂肪栓塞或空氣栓塞引起之損傷較為少見；缺血／再灌流肺損傷可能在數種肺病變或手術後發生，譬如肺動脈血栓切除，肺栓塞溶解術（Thrombolysis）及肺移植等。吸入胃內酸液亦可能導致肺損傷，胃酸吸入多發生於手術中麻醉病人、胸部灼傷、會厭關閉異常及懷孕等，經由氣管放入氯酸或胃小粒已成為引發急性肺損傷的動物模式。藥物中毒也被利用為引發肺損傷的動物模式，譬如安非他命類藥物過量，在人及動物身上均會造成肺損傷；Phorbol Myristate Acetate（PMA, 12-O-tetradecanoyl-phorbol-13-acetate），一種由蓖麻油衍生的脂質，常用於引發急性肺損傷。PMA 是一種強力白血球激活劑，白血球被激活及徵集之後，釋放大量之白血球纖維脂解酶及其他對肺臟有害物質，引發肺水腫、出血、發炎及細胞浸潤（圖 15-1），電子顯微鏡顯示肺毛細管內皮細胞嚴重損傷（圖 15-2），呼氣中 NO 含量，追蹤染色劑（Evaus Blue）含量，肺泡沖洗液蛋白質均上升（圖 15-3），除外，肺灌流液中之 Nitrate/Nitrite，

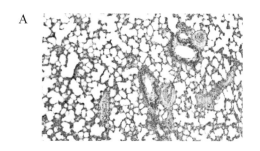

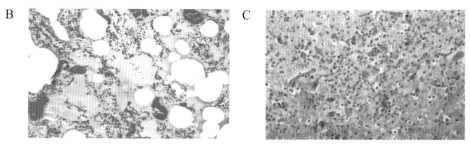

圖 15-1 病理組織檢查顯示離體肺灌注液中加入 Phorbol Myristate Acetate
（PMA）後，產生肺水腫出血。A. 接受 PMA 溶解劑 DMSO（Vehicle）後之正
常肺狀態；B. 加入 PMA 4 μg/g 顯現肺水腫出血，以及 C. 發炎細胞浸潤

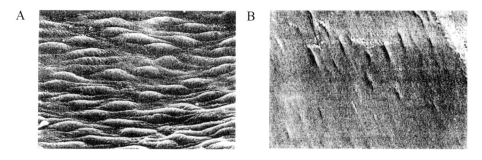

圖 15-2 掃描電子顯微鏡檢查顯示肺毛細管內皮細胞受損。A. 正常內皮細
胞；B. 接受高劑量 PMA 後之內皮細胞損傷

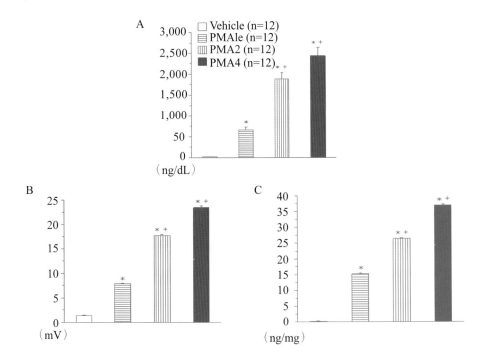

圖 15-3　離體肺接受 Vehicle, PMA 1, 2 及 4 μg/g 後，肺泡沖洗液中蛋白質（A 圖：PCBAL），呼氣中 NO 量（B 圖：Exhaled Nitric Oxide）及（C 圖：Evan Blue 追蹤劑）均顯著上升，呈現與劑量有關

Methyl Guanidine，Tumor Necrosis Factor$_\alpha$ 及 Interleukin-1$_\beta$ 也增加（圖 15-4），肺組織中 iNOS 之表現上升，顯示 NO 透過 iNOS 增加釋放對肺組織具傷害作用（圖 15-5）。

　　油酸（Oleic Acid, OA）也是常用於引發肺損傷之藥劑，我們心肺研究室最近發現 OA 在清醒鼠身上引發嚴重肺水腫出血，動脈血壓由 110 mmHg 降低至 60 mmHg 左右，心跳無顯著改變（圖 15-6），OA 增加肺重、肺重／體重比、呼氣 NO、Evans Blue 染色劑滲透及肺泡液蛋白質含量，OA 也升高血漿中 NO 代謝物（Nitrate/Nitrite），自由基（Methyl Guanidine），細胞激素（Tumor Necrosis Factor$_\alpha$, Interleukin-1$_\beta$,

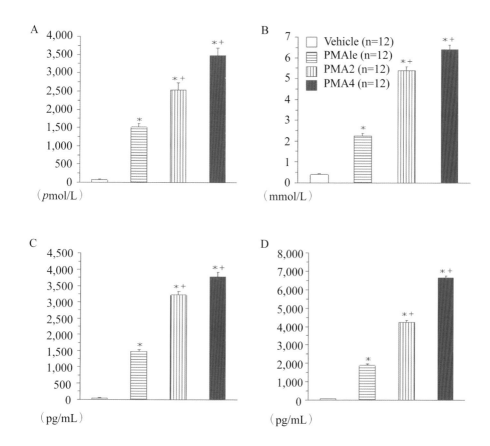

圖 15-4　離體肺接受 Vehicle、PMA 1、2 及 4 μg/g 後灌注液中，NO 代謝物
（A 圖：Nitrate/Nitrite）、自由基（B 圖：Methyl Guanidine）與細胞激素（C
圖：Tumor Necrosis Factor$_a$ 及 D. Interleukin-1$_\beta$）均呈現增加，而且與劑量有關

Interleukin-6 及 Interleukin-10）含量，油酸注射也顯著升高肺組織中
iNOS mRNA，輕微升高 eNOS 表現（圖 15-7）。此一研究不但發現 OA
會導致肺水腫出血，也引發類似敗血症休克的反應。

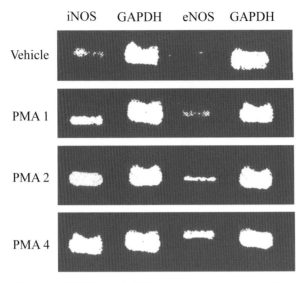

圖 15-5　肺灌注液中加入 Vehicle, PMA 1、2 及 4 μg/g 後 NO 合成酶之基因表現，PMA 使誘發性合成酶（iNOS）明顯升高表現，內皮 NO 合成酶（eNOS）則輕微升高

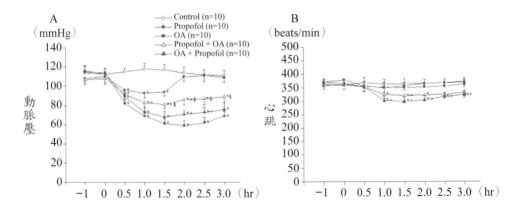

圖 15-6　油酸（OA）在清醒鼠引起：A. 嚴重動脈壓（Arterial pressure）下降；B. 心跳（Heart Rate）變化不大

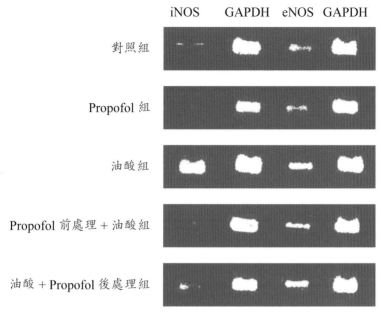

圖 15-7　油酸（OA）明顯升高 iNOS 基因表現，輕微增加 eNOS mRNA

　　油酸產生之肺損傷有數種臨床意義，在 ARDS 及敗血症病人血漿中之 OA 量有明顯增加，OA 與表面張力素磷脂（Surfactant Phospholipids）結合之部分亦　上升，這些發現表示血中 OA 之量可以作爲 ARDS 嚴重度及預後之指標。早期研究顯示吸氣中高氧之可能毒性，呼吸機（Ventilator）產生之肺損傷，可能因肺泡過度膨脹導致毛細管壓增加，在機械通氣的過程中，膨脹不全的肺泡因輪流開放與關閉造成損傷，晚近研究證據指出肺泡過度膨脹加上一再縮陷又開放引發發炎反應，釋放大量發炎性細胞素，進而激發 NO 及其他有毒物質，產生肺損傷。

病理機轉（Pathogenetic Mechanisms）

不論何種危險因素及發生原因，ALI/ARDS 之生理病理成因，一般認爲由產生肺泡水腫（甚至出血）的病理觀察，發現水腫液中富含蛋白質、發炎細胞及紅血球。在肺泡毛細管壁破壞之後，氣體交換變差，肺可容度降低，通氣與灌流間產生不平衡，肺臟分流（Pulmonary Shunt）上升，即使以高氧通氣，缺氧（Hypoxia）、動脈血中氧分壓與吸氣中之氧含量比（PaO₂/FiO₂）下降，而碳酸過多（Hypercapnia）；除了一氧化氮（NO）及自由基之毒性作用外，若干化學激素（Chemokines）、細胞激素（Cytokines）、白血球纖維酶（Neutrophil Elastase）、髓過氧酶（Myeloperoxidase）及 Malondialdehyde 在某些 ALI/ARDS 中具傷害作用。致炎及抗炎介體之不平衡取決於轉錄因子（主要爲核 *k*B 因子，NF-*k*B），決定肺水種程度之另一重要因素，爲肺部水液清除及離子輸送，影響的因素，包括：胞囊纖維膜導流度調節因子、鈉鉀激發 ATPase（Na⁺-K⁺-ATPase）、蛋白激酶（Protein Kinase）、腺苷環狀酶（Adenyl Cyclase）及環狀腺苷單磷酸（Cyclic Adenosine Monophosphate, cAMP）等。

支持性及加護治療（Supportive and Intensive Treatments）

針對各種 ALI/ARDS 之治療困難而複雜。支持性及加護性治療，包括：葉克膜、俯臥姿勢、適當通氣量及呼吸壓之機械通氣、輸液及血流通力調節，以及適度之高碳酸中毒（Hypercapnic Acidosis）等。其他藥理性治療有抗發炎及抗微生物，以及控制感染及敗血症藥物、足夠營養、表面張力素來治療，NO 及血管舒張劑吸入，類固醇及非固醇抗炎劑，以及促進肺水液吸收與離子輸送之藥物。雖然有許多針對藥理作用之動物實驗對

ALI/ARDS 有良好的效果，但是臨床研究及試驗卻不如動物實驗來得有療效。

　　乙型腎上腺素促效劑（Beta Adrenergic Agonists）對於肺部水分外移及離子輸送有很好的效果，此類藥物可以刺激表面張力素分泌，而且很少有副作用。對於乙型促效劑，表面張力素、高密度脂蛋白（High Density Lipoprotein）、短鍊作用 RNA（Short Interacting RNA, siRNA）、血管內皮生長因素（Vascular Endothelial Growth Factor, VEGF）及血管張力素轉化酶（Angiotensin-converting Enzyme, ACE）等之藥理作用及分子機轉已有不少研究。

非藥物及藥物治療方法（Nonpharmacological and Pharmacological Therapeutic Regimen）

　　針對 ALI/ARDS 之可能輔助治療有非藥物及藥物。非藥物之治療或預防方法，包括胰島素（Insulin）及規律運動（Regular Exercise）。本實驗室及其他研究者發表之有效藥物，除了抗發炎及抗微生物藥物以控制感染及敗血症之外，還有 N-Acetylcysteine、Propofol、Pentobarbital 及 Nicotinamide（Vitamin B Complex）等。本實驗室利用清醒鼠研究不同劑量胰島素對內毒素引發急性肺損傷之效果，高血糖經常發生於重症病人對於嚴重敗血症病人給予胰島素及控制血糖可以改善病情，在清醒鼠靜脈注射脂多醣體（Lipopolysaccharide, LPS）引發內毒素休克，動脈血壓下降，肺重／體重比及肺重增加，LPS 內毒素引發氣管肺泡沖洗液之蛋白量、呼氣中 NO、血中 Nitrate/Nitrite 及 Methyl Guanidine（自由基）增加，組織病理切片顯示內毒素引發嚴重肺損傷。靜脈注射不同劑量 Insulin（0.5, 1 及 5 μU/kg/min 共 120 mins）有效改善內毒素引發之低血壓、肺重變化、肺泡沖洗液蛋白質、呼氣中的 NO、血漿中 NO 代謝物

（Nitrate/Nitrite）、自由基（Methyl Guanidine），並有效改善肺損傷，這些效應與胰島素之劑量相關（圖 15-8、15-9、15-10）。

　　本研究顯示胰島素可減輕或避免內毒素引起之生理及病理變化，具抗發炎作用。另一清醒鼠實驗研究規律運動對內毒素（敗血症）休克反應的效果，結果顯示規律運動減輕敗血症休克反應，包括全身性低血壓，減低血漿中 Nitrate/Nitrite、Methyl Guanidine、Blood Urea Nitrogen、Creatinine、Amylase、Lipase、Asparate Aminotransferase、Alanine Aminotransferase、Creatine Phosphokinase、Lactic Dehydrogenase、Tumor Neurosis Factor$_\alpha$ 及 Interleukin-1$_\beta$，規律運動也減輕了敗血症或內毒素休克產生之心臟、肝臟及肺臟損傷。

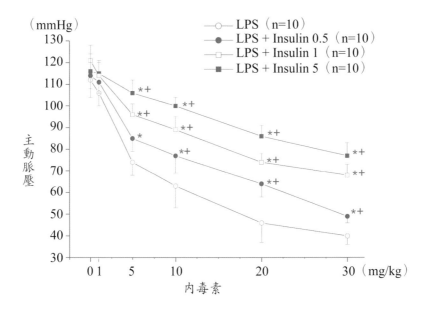

圖 15-8　內毒素（LPS）不同劑量注射在清醒鼠引發嚴重動脈壓（Arterial Pressure）下降，胰島素（Insulin）不同劑量明顯改善內毒素休克所引起之低血壓

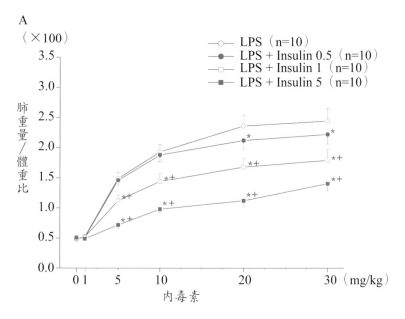

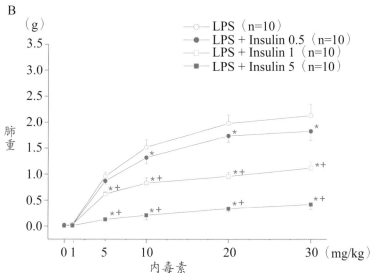

圖 15-9　不同劑量內毒素導致：A. 肺重／體重比（LW/BW ratio）及 B. 肺重增加（LWG）上升，胰島素則明顯降低肺重變化，且與劑量相關

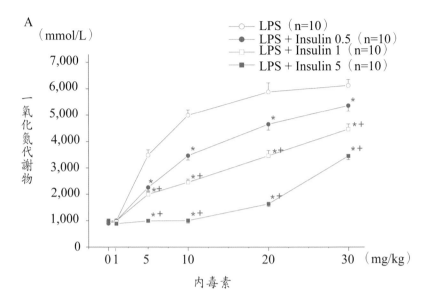

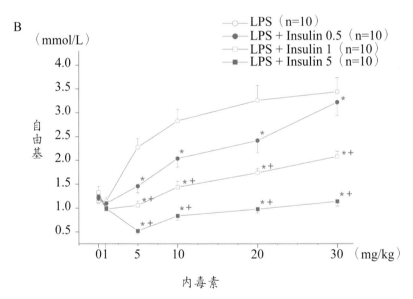

圖 15-10　不同劑量內毒素增加清醒鼠血漿中：A. 一氧化氮代謝物
（Nitrate/Nitrite）及 B. 自由基（Methyl Guanidine），胰島素具劑量相
關之降低效果

　　治療 ALL/ARDS 之藥物有抗發炎及抗微生物藥物，如克流感（Tamiflu）及瑞樂莎（Relenza）等對抗流感病毒藥物，控制感染及敗血症之發生，表面張力素、一氧化氮及血管舒張劑吸入，乙型促進劑（Beta Adrenergic Agonists）促進肺部水吸收及離子輸送藥物，也有人建議高密度脂蛋白（High Density Lipoprotein, HDL）短鏈作用 RNA（siRNA），血管內皮生張因子（Vascular Endothelial Growth Factor, VEGF）及血管張力素轉化酶（Angiotensin-converting Enzyme, ACE）等。

　　本實驗室長期利用整體動物（清醒鼠與麻醉鼠）及離體肺，研究若干藥物，如 N-Acetylcysteine、Propofol、Pentobartial 及 Nicotinamide（Niacinamide, B Complex）之作用。N-Acetylcysteine（NAC）是一種化痰劑，具抗氧化及細胞保護作用，亦可清除氧游離基及抑制發炎性細胞激素釋放，NAC 減輕清醒鼠敗血症導致之肺損傷及多重器官衰竭，在相同之動物模式，NAC 改善內毒素注射引發之全身低血壓及白血球降低，它對內毒素肺損傷也有保護作用，減輕肺重變化、呼氣一氧化氮含量及肺病變，NAC 降低血中 Nitrate/Nitrite、Tumor Necrosis Factor$_\alpha$ 及 Interleukin-1$_\beta$，在離體肺中，NAC 大大減輕脂肪栓塞所引起之肺損傷及肺重變化（圖 15-11、15-12），並且防止肺高壓及毛細管滲透增加（圖 15-13），脂肪栓塞導致灌注液中 NO 代謝物（Nitrate/Nitrite），自由基（Methyl Guanidine），與細胞激素（Tumor Necrosis Factor$_\alpha$ 及 Interleukin-1$_\beta$）明顯上升，N-Acetylcysteine 均有效減低這些物質的釋放（圖 15-14），脂肪栓塞也上調 iNOS 的表現，NAC 有防止脂肪栓塞引發急性肺損傷的效果（圖 15-15）。

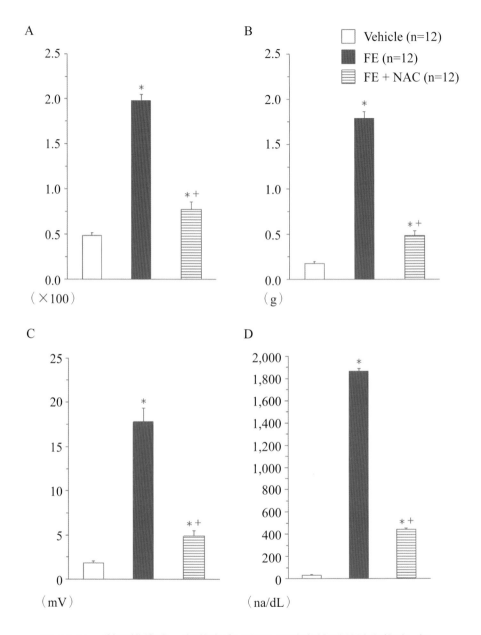

圖 15-11　利用離體肺，在灌注液中加入脂肪微粒引發肺脂栓塞（Fat
Embolism, FE），造成：A. 肺重／體重比（LW/BW Ratio）、B. 肺重增
益（LWG）、C. 呼氣中 NO（Exhaled NO）及 D. 肺泡沖洗液中蛋白質
（PCBAL）明顯上升；N-Acetylcysteine（NAC）有顯著保護作用

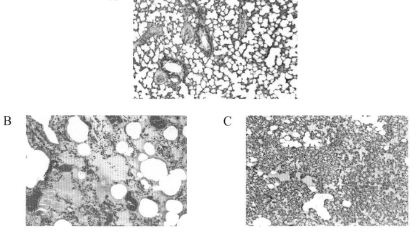

圖 15-12　組織病理檢查顯示：A. 離體肺接受對照液（Vehicle）之正常肺組織型態；B. 接受脂栓塞（FE）後呈現嚴重肺水腫及脂肪小粒（白色圓形）；C. N-Acetylcysteine 有效防止脂栓塞引發之肺損傷

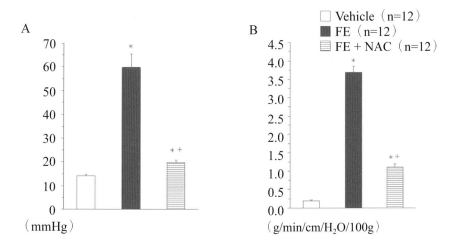

圖 15-13　離體肺接受對照液（Vehicle）、脂栓塞（FE）及脂栓塞加 N-Acetylcysteine（FE+NAC）後，A. 肺動脈壓（Pulmonary Arterial Pressure）及 B. 毛細管濾過率（Capillary Filtration Rate）之變化，脂栓塞導致嚴重肺高壓（肺動脈壓上升）及毛細管濾過率增加；N-Acetylcysteine 能有效防止肺高壓及通透率上升

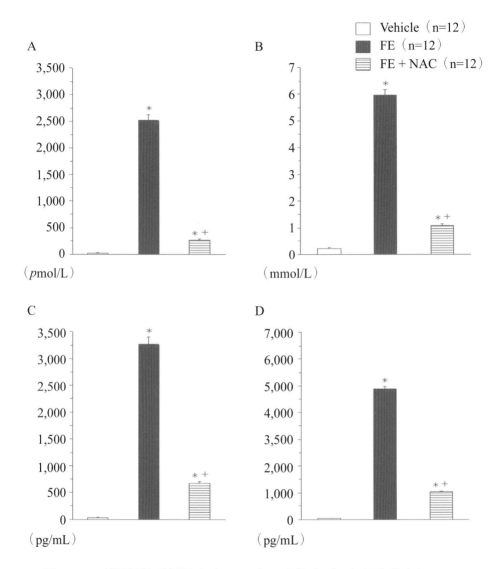

圖 15-14　離體肺接受對照液（Vehicle）、脂栓塞（FE）及脂栓塞加 N-Acet-
ylcysteine（FE+NAC）後，灌注液中 A. NO 代謝物（Nitrate/Nitrite）、B. 自由
基（Methyl Guanine）與 C. 細胞激素（Tumor Necrosis Factor$_\alpha$ 及 D. Interleukin-
1_β）之變化，脂栓塞明顯升高；N-Acetylcysteine 則具有效降低作用

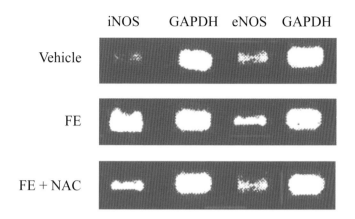

圖 15-15　離體肺組織誘發性一氧化氮合成酶（iNOS）
及內皮細胞 NO 合成酶（eNOS）之 mRNA 表現，
Glyceraldehyde-3-Phosphate Dehydrogenase（GAPDH）利用
於對照。脂栓塞（FE）引發強烈 iNOS 及輕度 eNOS 表現
上調；而 N-Acetylcysteine（NAC）則降低 FE 造成的上調

　　Propofol（2, 6-diisopropylphenol）常用於重症病人，作為鎮靜劑之
用，此一麻醉劑具作用快速、短效及快速停止作用之特性，Propofol 於
清醒鼠、麻醉鼠與離體肺可減輕內毒素（Endotoxin）產生之肺損傷，
降低 NO 代謝物及細胞素（TNF_α、$IL-1_\beta$ 及 IL-10），減輕肺高壓、
微循環通透度、呼氣中 NO、肺泡液蛋白質。在清醒鼠，油酸（Oleic
Acid, OA）產生類似內毒素休克之反應，包括：低血壓、肺損傷、發
炎反應及增加白血球衍生因子（Neutrophil Elastase, Myeloperoxidase 及
Malodiacaldehyde 等），油酸抑制鈉鉀激發腺苷三磷酸（ATPase），但
是上調（Upregulates）誘發性一氧化氮合成酶（iNOS）mRNA 之基因表
現，給予油酸之前或之後，靜脈注射 Propofol，均可減輕油酸引發之肺損
傷、生化及分子變化，但先給予之效果優於後給予（圖 15-16、15-17、
15-18、表 15-1）。

　　雖然動物實驗結果提供 NAC 對 ALI 之療效，可惜臨床研究及試驗尚無法證實 NAC 對 ARDS 病人之效果，臨床引用 NAC 尚須進一步研究。

　　Pentobarbital 為動物實驗最常用之麻醉劑，亦用於病人作為鎮靜安眠劑，此藥在大白鼠身上可改善內毒素引起之肺病變及器官功能失常，因而增加內毒素休克鼠之生存率。進一步發現，Pentobarbital 抑制腫瘤壞死因子（Tumor Necrosis Factor$_\alpha$），可能與核因子 κB（NFκB）活性減少有關，Pentobarbital 能有效減輕因 Deroxamine 缺氧而導致之細胞凋零（Cell Apoptosis）。

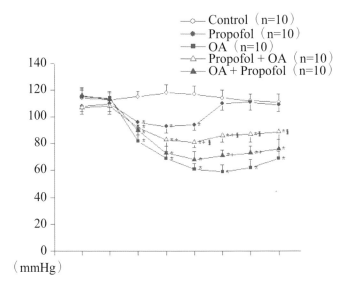

圖 15-16　油酸（OA）導致平均動脈壓（Mean Arterial Pressure）嚴重下降，先給予（Propofol + OA）及後給予（OA + Propofol）均可減輕 OA 低血壓，但先給予之效果優於後給予

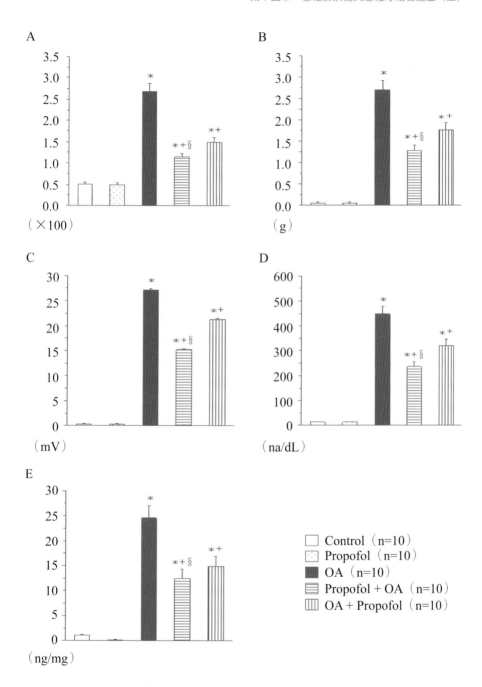

圖 15-17　離體肺灌注液中加入油酸（OA）引起肺重（A 及 B）、呼氣中 NO
（C）、肺泡液蛋白質（D）及染色追蹤劑（E）嚴重增加，給予 Propofol 顯
著降低 OA 引發之變化，先給予較後給予有效果

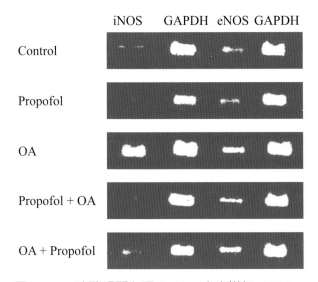

圖 15-18　油酸明顯上調 iNOS，中度增加 eNOS，給予 Propofol 降低 iNOS 表現，影響 eNOS 不大，先給予比後給予有較好的效果

表 15-1　油酸升高白血球纖維素（NE）、MPO 及 MDA，但降低 Na$^+$-K$^+$-ATPase；Propofol 降低 NE、MPO 及 MDA，但升高 Na$^+$-K$^+$-ATPase

	NE (nmol/mL)	MPO (unit/mL)	MDA (nmol/mL)	Na$^+$-K$^+$-ATPase (nmol/ML)
Control	0.52 ± 0.06	14.8 ± 1.9	23.9 ± 3.6	446.8 ± 14.6
Propofol	0.48 ± 0.05	13.9 ± 2.1	24.6 ± 2.8	438.9 ± 13.2
OA	5.86 ± 0.28[*]	68.6 ± 4.3[*]	158.8 ± 10.6[*]	114.6 ± 8.4[*]
Propofol + OA	1.44 ± 0.09[*+§]	20.4 ± 2.1[*+§]	45.8 ± 4.2[*+§]	304.2 ± 11.8[*+§]
OA + Propofol	2.39 ± 0.12[*+]	38.6 ± 2.8[*+]	66.2 ± 4.6[*+]	214.6 ± 10.4[*+]

註：MPO Myeloperoxidase; MDA Malondialdehyde。

Nicotinamide 或 Niacinamide（水溶性維生素 B 群）對於缺血／再灌流及內毒素引發之急性肺損傷有減輕的效果，其作用機轉可能經過抑制 Poly（ADP-ribose）Synthase 或 Permerase 細胞毒性酶、iNOS、NO、自由基及發炎性細胞素，同時增加 Adenosine Triphosphate（ATP）（圖15-19、15-20）。

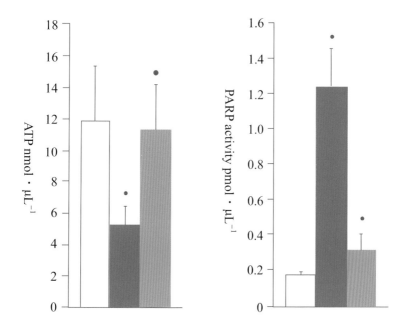

圖 15-19　離體肺經缺血再灌後對照組（□），缺血再灌流組（■）及 Nicotinamide 組（■）ATP 及 Poly（adenpsin diphophate-ribose）Polymerase（PARP）在肺組織之活性。缺血再灌流降低 ATP，而增加 PARP，Nicotinamide 恢復 ATP，而降低 PARP

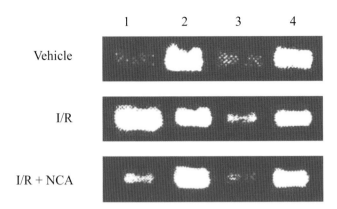

圖 15-20　缺血再灌流（I/R）明顯上調 iNOS（1）表現，對 eNOS（2）僅輕度影響，Nicotinamide（NCA）降低 iNOS 表現，2 及 4 分別為 GADPH 作為內部對照

第十六章

內皮細胞因素之生理作用
與臨床治療應用之可能
（Endothial Factors: Physiological Actions
and Possible Clinical Applications）

前言

內皮細胞（Endothelial Cells）主要作爲血管內壁的襯裡，經過學者細心觀察與研究之後，發現內皮細胞（以下簡稱 EC）居然扮演重要之內分泌角色，但大部分之物質半衰期短，僅作用在其鄰近組織，如血管平滑肌等，並非眞正由血液帶到標的器官行 Endocrine 作用，而大多發揮 Paracrine 或 Autocrine 效果，但血管遍布全身，EC 也無所不在，所以發揮的生理及藥理作用相當值得重視。

由 EC 釋放之物質主要有兩大類：第一類包括前列腺素（Prostaglandins）、血栓素（Thromboxanes）及白血球素（Leukotrienes）等；第二類物質初發現時可產生血管舒張作用，稱爲內皮衍生血管放鬆因子（Endothelium-Derived Relaxing Factor, EDRF），後來確定此物質爲一氧化氮（Nitrite Oxide, NO），往後研究發現還包括內皮素（Endothelin-1, ET-1）等血管收縮物質（Endothelium-Derived Contracting Factors, EDCF）。內皮細胞因素之持續長期研究，產生多位諾貝爾獎得主，重要的是在生理醫學方面有巨大的貢獻。

前列腺素、血栓素及白血球素之研究歷程（Historical Landmarks of PGs, TXs and LTs）

兩位美國婦產科醫師 Kurzok 及 Lieb 1930 年發現人類離體子宮切成條塊，利用張力器記錄收縮或放鬆，當暴露於人類精液之後，有些子宮條塊收縮，有些則放鬆，原因不明。英國 Goldblatt 與瑞典 Euler 1960 年代共同研究前列腺（Prostate）或儲精囊（Seminal Vesicle）液體可使平滑肌收縮，但使血管舒張。他們在 1973 年發表一篇重要回顧性論文，提出前列腺素群（Prostaglandins, PGs）爲脂溶性物質，而且有多種 PGs。瑞典

Bergstron 及 Samuelson 在 1962 年左右發現前列腺素之化學結構，爲具 20 碳分子之未飽和 Carboxylic acids 加上 Cyclopentane ring 後，他們再發表（1964）由花生烯酸（Arachidonic Acid）合成 PGs 的生化途徑。英國 J. Vane 研究團隊於 1971 年發現阿斯匹靈（Aspirin）及 Indomethacin 等抗發炎藥物，有抑制 PGs 生成的效果，因爲非固醇抗發炎藥物（NSAIDs）的發明，J. Vane 繼 Bergstron 及 Samuelson 之後榮獲諾貝爾生理醫學獎。Hamberg 等人在 1975 年發表 Thromboxane A_2（TXA_2）主要存在於血小板（Platelets），有促進凝血及血管收縮等作用。Moncada 等人在 1975 年提出 Prostacyclin（PGI_2）存在於內皮細胞，與 TXA_2 作用相反，有抗凝血及血管舒張作用。Samuelson 在 1983 年提出 Leukotrines（LTs）主要在白血球（Leukocytes），具發炎效果。經過學者多年的努力研究，由 Arachindonic Acid（AA）經過兩種途徑生成 PGs、TX 及 LTs 之生物合成及代謝終於明確了解（圖 16-1）。

前列腺素（PGs）、血栓素（TXs）與白血球素（LTs）之藥理作用及可能之治療用途（Pharmacological Actions and Therapeutic Applications）

每種 PGs 各有不同作用，在心臟血管系統，PGE_2 是強烈血管舒張劑，造成血壓下降，血流上升。PGI_2 之血管舒張作用較 PGE_2 更強烈，大約爲 PGE_2 之五倍，而且 PGI_2 爲存在於 EC 之主要血管舒張及抗凝血物質，PGD_2 因爲血管不同而有收縮或舒張作用，PGF_2 通常引起血管收縮，血壓上升；TXA_2 之血管收縮作用相當明顯，引發血壓上升；LTs 主要引起冠狀血管收縮，減少血流甚至心肌缺血，減小心臟收縮力，在周邊循環，則增加毛細管通透性。對於周邊血管疾病，如阻塞性動脈發炎，通常由動脈注射 PGE_2 或 PGI_2，兩者半衰期雖短，卻可產生明顯及較長

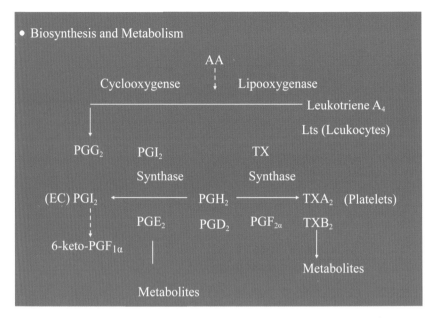

圖 16-1　花生烯酸（AA）經由 Cyclooxygenase 生成 PGG$_2$ 等，經 Lipo-oxygenase 生成 LTA$_4$，再於白血球中製造各種 LTs，不同的合成酶將 PGs 與 TXs 互相轉換變化，這些物質半衰期不長，最後變為各種代謝物

的血管擴張效果，所以一度有人利用來緩解烏腳病，PGI$_2$ 或 PGE$_2$ 由於有抗血小板凝集作用，在心臟旁路手術及腎臟透析病人有需要時，用於儲存血小板，效果比肝素（Heparin）好。胎中的嬰兒主動脈與肺動脈間有一條相通的動脈小管（Patent Ductus Arteriosus, PDA），PGI$_2$ 及 PGE$_2$ 對於 PDA 之開放很重要，亦可維持胎盤血流，在懷孕期間大量使用 NASAIDs，抑制 PGs，導致 PDA 早期關閉並降低胎盤血流。嬰兒患先天性心臟疾病（屬於缺氧發紺型），PGs 有增加 PDA 及肺動脈血流與改善血氧效果，較長效的藥物，如 Epoprostenol 及 Alprostadil 等已臨床使用。男性性無能，注射 PGE$_2$ 或 PGI$_2$，陰莖勃起可長達數小時之久。

　　PGI$_2$ 具有強力血管舒張作用，對於要命的急性心肌梗塞理應有很好的效果才對，但實驗結果正好相反，與傳統治療心絞痛之硝化甘油

（Nitroglycerin）相比較，PGI$_2$ 不但沒有緩解心肌梗塞之效果，反而有輕微加強作用。圖 16-2 解釋 PGI$_2$ 可能產生「偷流」（Steal-Flow）現象之機轉，心肌梗塞病人之中度動脈有栓塞病灶（Thrombotic Lesion），當病灶夠大，加以血管收縮等原因，就會降低患側部位之血流及供氧量，形成缺血或栓塞區，此區之細動脈或阻力性血管（Resistance Vessels）早已擴張，PGI$_2$ 的血管舒張作用對於大、中動脈之效果遠較細動脈爲大，反而使正常邊之大、中動脈，甚至細動脈舒張，將血流偷至正常邊，加重缺氧區之缺血，而 Nitroglycerin 對細動脈之血管舒張作用遠較大、中動脈爲強，因此可以使缺血區之細動脈再擴張，緩解缺氧之現象。因此 PGI$_2$ 僅有防止血小板凝集之功效，避免血栓加大，在心肌栓塞發生之後有效，但臨床很少使用，多利用阿斯匹靈（Aspirin）減輕栓塞形成及加大。

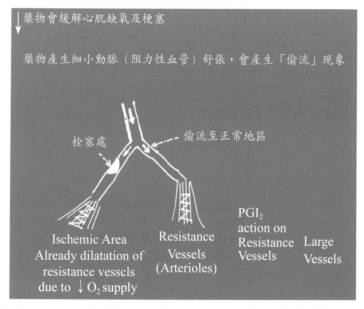

圖 16-2　心肌缺氧或栓塞時，Prostacyclin（PGI$_2$）之血管舒張作用對於大、中動脈比細動脈有較強烈之效果，因此發生「偷流」現象。PGI$_2$ 作用於細小動脈（阻力性血管），會造成偷流現象，使血流往正常處流動，對於缺氧地區並無增流作用，而硝化甘油（Nitroglycerin, NTG）作用於較大血管，對於缺氧地區有增加血流的作用

　　血液學方面，血小板凝集是血管栓塞形成的主要原因，臨床上常用 Aspirin 類藥物，其作用爲阻斷 TXA$_2$ 生成。圖 16-3 說明 TXA$_2$ 及 PGI$_2$ 之促進與抑制血栓形成，以及 Aspirin 藥理效應之交互作用，Aspirin 可抑制 Cyclooxygenase，降低 TXA$_2$ 及 PGI$_2$；TXA$_2$ 可促進血小板凝集（Aggregation），而 PGI$_2$ 有抗凝集（Antiaggregation）及抗血栓效果（Antithrombotic Effect），兩者皆由 AA 產生，具相反作用，臨床研究大劑量（> 300 mg/day）Aspirin 同等降低 TXA$_2$ 及 PGI$_2$，反而少劑量（< 300 mg/day）降低壞東西 TXA$_2$ 比降低 PGI$_2$ 更具效果，因此服用較多的藥物卻不一定有較好的效果（圖 16-3），1984 年發展的 Dazoxiben 較具特殊抑制性效果，抑制 TX 合成酶，而對 PGI$_2$ 合成酶無效，不過 Dazoxiben 比 Aspirin 昂貴，臨床較少使用。

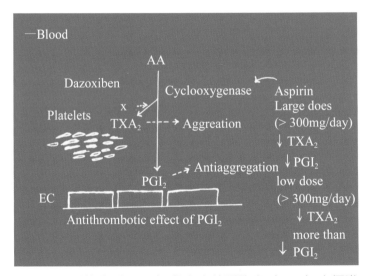

圖 16-3　凝集素（TXA$_2$）與內皮前列腺素（PGI$_2$）之促進及對抗血小板凝集（Platelets Aggregation, Antiaggregation and Antithrombotic Effect）以及 Aspirin 劑量藥效之交互作用

　　前列腺素對子宮的作用在無懷孕女人 PGF 產生收縮，PGE 鬆弛；懷孕女人可能導致流產，而少劑量則會加速生產（Labor），這些發現解釋1930 年兩位婦產科醫師觀察到體外子宮切片接觸人類精液，有些鬆弛，有些則收縮的原因，是因為不同 PGs 產生相異的效果。PGs 對於胃腸道通常產生收縮作用，口服 PGE 欲行墮胎流產之副作用為腹瀉、胃腸絞痛、噁心及嘔吐等；長期服用 Aspirin 或其他 NASIDs 藥物容易罹患胃潰瘍；PGE 之較長效藥 Misoprostol 可減少胃潰瘍的產生。Aspirin 類藥物僅抑制 Cyclooxygenase，降低 PGs，但對 Lipooxygenase 無效，因此可能提升 LTs。氣管平滑肌 PGE_2 有放鬆作用，產生氣管擴張，其他 PGs，如：PGI_2、PGF、PGD、TX 及 LT 均有強烈之氣管收縮作用，尤其 LT 及 TX 會引發哮喘（Asthma），LT 的氣管收縮作用大約為組織胺（Histamine）之 1,000 倍。

一氧化氮之誕生

　　一氧化氮（Nitric Oxide, NO）之發現及後續的研究，可謂現代生物醫學的灰姑娘，NO 本來有很壞的名聲，如：環境汙染物、臭氧層破壞者、可能的致癌物、酸雨之前驅物等。1992 年著名之醫學期刊《科學》（Science）遴選 NO 為封面，稱為年度風雲分子（圖16-4）。如此構造簡單之物質，居然無所不在，而且在生理醫學方面具有重要之生理、藥理、病理及治療功能；1998年諾貝爾生理醫學獎頒給三位在 NO 之

圖 16-4　著名醫學期刊《科學》（Science）1992 年遴選一氧化氮（Nitric Oxide, NO）為年度重要分子

發現及研究有重大貢獻的學者：（Furchgott R.F.、Ignarro L.J. 及 Murad F. 教授。）

當年諾貝爾生理醫學獎發表時，《民生報》（已停刊）要筆者在一小時內寫出 NO 發現的故事，筆者以「抓住意外」為題敘述老藥理學家 Furchgott 以「吊血管」榮獲諾貝爾桂冠的故事，全文值得本書再刊登一次。

紐約州立大學 82 歲的老藥理學家 Furchgott（圖 16-5）榮獲今年諾貝爾生理醫學獎，真是令人高興！Furchgott《民生報》之譯名為「福赫果特」，筆者改為「福奇果」。真是福奇果，以一簡單的「吊血管」實驗，抓住實驗室的意外，導致發現一氧化氮（Nitric Oxide, NO）在全身無所不在的生理作用。福奇果老來得獎，不論是意料中、還是意外，證明諾貝爾獎重視「原創性」的價值。福奇果十幾年前曾由國防醫學院邀請來臺（圖 16-5），當時曾在幾家醫學院演講，也曾與相關學者進行討論。1980 年，他與 Zawadzki 在《自然》（Nature）發表「內皮細胞產生之血管舒張物質」尚未引起太大重視，不過由福奇果親自道來實驗室「吊血管」之意外發現，事隔十八年，如今他榮獲諾貝爾獎，回想起來十分有趣。

「吊血管」實驗三部曲

福奇果在紐約州立大學的實驗室十分簡單，國防醫學院林正一教授曾在其系上修過學位，也曾跟他做過短期研究。他們的實驗室主要以「吊血管」的技術為主，所謂「吊血管」就是將一段主動脈切下來，置於恆溫水槽中，下端固定，上端連接到一張力器，血管收縮或舒張可由張力之上升及下降觀察出來。Zawadzki 是新來的研究助理，他知道吊血管實驗一開始先用乙醯膽鹼（Acetylcholine，簡寫 ACh）試試看，ACh 可以引起血管平滑肌舒張，可是他在許多吊血管的實驗中，卻失敗多次，許多血管加入

圖 16-5　福奇果（Furchgott）教授於 1984 年訪問臺灣，在多家醫學院發表其與助理利用「吊血管」（Aorta Strips）發現「內皮細胞舒張因素」（EDRF）後來證明是 NO，十四年後（1998）因為他的貢獻，榮獲諾貝爾生理醫學獎。左為筆者於 1984 年之英姿

ACh 之後沒有反應，甚至產生收縮的效果。

　　血管構造簡單，最內層為內皮細胞，中間為可以縮放之平滑肌，其外一層為結締組織。福奇果與 Zawadzki 在吊血管實驗中發現，大部分血管加入 ACh 並不舒張，換做別人早已放棄，為何不舒張？他們就把不舒張的血管在顯微鏡下觀察，原來新的助理技術不佳，在剪血管時，把最內層的內皮細胞破壞泰半。「內皮細胞」（Endothelial Cell, EC）一定是關鍵所在！於是他們針對內皮細胞展開簡單而巧妙的實驗（圖 16-6）：

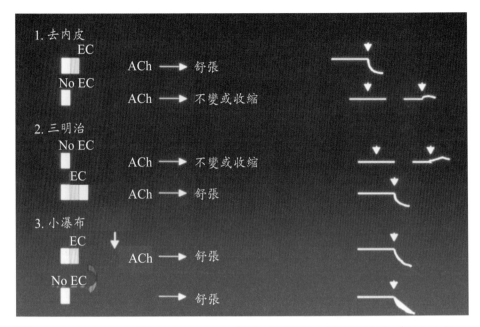

圖 16-6　Furgott R. F. 及 Zawadzki J. V. 利用「吊血管」實驗去內皮（Endothelium Denudation）、三明治（Sandwich Preparation）及小瀑布（Cascade Bioassay），觀察血管對乙醯膽胺（Acetylcholine, ACh）舒張及收縮之反應變化，為第一位利用簡單而巧妙方法發現內皮衍生血管舒張因子（EDRF），此文發表於《自然》期刊（Nature, 1980），十八年後他因此發現榮獲諾貝爾獎桂冠

去內皮

內皮細胞完整的血管加入 ACh 後，產生舒張反應張力下降，用棉花棒穿入血管內部，以摩擦方式把內皮破壞之後，舒張之反應變成張力不變（無反應），甚至張力上升（平滑肌收縮）。

三明治

去內皮之血管，對於 ACh 無反應，以三明治夾法，併合一段內皮完整之血管，加入 ACh 之後，無反應之血管產生舒張。一定有某種物質經

由內皮導致平滑肌舒張。

小瀑布

　　表示水槽中有二段血管，在上面者為內皮完整血管，下面血管為去內皮血管，下段血管直接滴上 ACh 產生收縮或無反應，如 ACh 滴在上段血管，此段血管舒張但也引起下段血管舒張。上段血管之內皮產生了某些物質經由小瀑布滴下來使下段血管舒張。血管內皮本來僅被視為血管之襯裡，提供血管一平滑的表面，防止血小板或血球沉積在血管壁。福奇果的實驗首先提示血管內皮細胞有重要的物質分泌出來，使平滑肌舒張，他首先稱它為「內皮血管舒張因素」（Endothelium-Derived Relaxing Factor, EDRF），開啟研究內皮細胞功能的研究領域。

一氧化氮──現代生物醫學的灰姑娘

　　EDRF 在 1987 年由伊格奈若（L. J. Ignarro）及蒙加達（S. Moncada）證實為一氧化氮（Nitric Oxide, NO）以後，每年上千篇之論文與此物質有關，陸續發現 NO 在身體各部位扮演重要之生理角色。血壓調節、腸胃蠕動、肺高血壓、神經傳遞、記憶形成、陰莖勃起、免疫系統及內毒素休克等，均與 NO 有關。1992 年《科學》（Science）選為封面，稱為當年之風雲物質（圖 16-4）。NO 本來有很壞的名聲，他在廢氣中有很高的含量，毒性高、會破壞臭氧層、可能致癌，也是形成酸雨之主要成分。可是由 1980 年至今十八年間，NO 從發現到大放異彩，真是現代生物醫學的「灰姑娘」。

　　1998 年的諾貝爾生理醫學獎頒給有關 NO 的研究，有三位得獎：R. F. Furchgott，就是上述福奇果吊血管的故事；第二位為德州大學休士頓分校 F. Murad，是繼之研究 NO 在細胞內化學傳遞之專家；第三位加州大學

洛杉磯分校 L. J. Ignarro，在確定 NO 為 EDRF，NO 生成酶及 NO 細胞內作用機制有重要之研究，三位均是美國人。

大師 S. Moncada 落榜令人意外

在此研究領域中，另一位大師 S. Moncada 此次落榜，則令人十分意外。S. Moncada 是英國威爾康研究所（Wellcome Research Laboratories）的領導人，他的老師 J. Vane 因為前列腺素的研究也得過諾貝爾獎。在 1987 年證實 NO 為 EDRF 的研究，S. Moncada 與其同事發表在《自然》（Nature）的論文，其實比 L. Ignarro 於同年發表於美國科學研究院期刊之論文更具創意及說服力，其後 S. Moncada 之研究小組也有相當卓越的成果。1991 年發表重要之 NO 生理、病理及藥理綜合評述（Pharmacological Review, 1991）即由 S. Moncada 為首撰寫，但是今年有關 NO 之諾貝爾生理醫學獎卻將 S. Moncada 排除在外，不知是何理由，實無法理解，是否因為國籍（英國）關係？好像不是，英國人也是諾貝爾獎的常客，這次 S. Moncada 沒有得獎，至今原因不明。

Murad 教授於 2006 年訪問臺灣，他與夫人 Carol 一同欣賞花蓮風光，並於慈濟靜思堂國際會議廳發表他們研究團隊發現 NO 經過 Cyclic Guanosine Monophosphate（cGMP）之作用（圖 16-7），不久 Ignarro 教授也訪問臺灣，在臺南成大的演講，完全不講科學，都是一些幽默的笑話。

NO 由內皮細胞之內皮合成酶（eNOS）生成，在血管平滑肌（Smooth Muscle）使 Guanylate Cyclase 活化，因而使 Guanosine Triphosphate（GTP）變化成 cGMP，引發血管平滑肌放鬆，血管舒張（圖 16-8）。

圖 16-7　Murad 教授（左）於慈濟大學演講後，筆者（右）致贈
花蓮特產玫瑰石匾

　　有關 NO 之合成證明左旋精胺酸（L-Arginine, LA）是 NO 之前驅
物，若干 LA 之相似物，如 L-N-arginine methyl ester（L-NAME）及 L-N-
monomethyl arginine（L-NMMA）用以阻斷 NO、ACh 及 EC 有關之血管
舒張。Moncada 等人利用灌注生物測試方法發現，分離血管後給予 NO 或
ACh 血管舒張的效果可被 Superoxide Dimutase（SOD）延長，但血紅素
（Hemoglobin）則縮短，培養之 EC、ACh 及 Bradykinin 均可促進 NO 之
生成。

　　對於肺高血壓（Pulmonary Hypertension），Frostall 等人（1991）
利用清醒羊發現肺缺氧引起之肺高血壓及肺血管收縮，可以在吸氣中加
入NO 而改善，肺動脈壓下降，而無全身血壓下降之副作用。不過後來
有許多研究發表 NO 對於肺臟有毒害作用，所以吸入 NO 以治療肺高血
壓之建議受到質疑。胃腸道蠕動（Peristalsis）也跟 NO（由 Nitrogenic

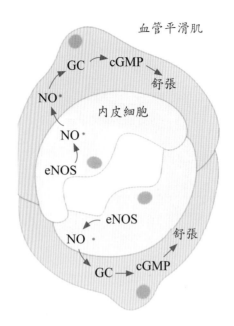

圖 16-8　內皮細胞（Endothelium）由
NO 合成酶（eNOS）合成 NO，此種
氣體可迅速進入血管平滑肌（Smooth
Muscle），產生 cGMP 放鬆平滑肌

EntericNerves）釋放有關，它會促使胃腸弛鬆，臨床上小兒肥厚性幽門
狹窄症（Infantile Hypertrophic Pyloric Stenosis, HPS），因幽門肌肥大，
而致胃出口阻塞，過去原因不明，現在已證實是 Enteric Nerve Fibers 之
NO 合成酶降低，NO 釋放減少，幽門不開放，因此胃腸無法蠕動（圖
16-9）。

　　神經系統中樞及周邊神經、陰莖與胃腸等均有釋放 NO 之 Nitrogenic
Nerve，具重要之生理病理功能，NO 可能與其記憶有關，中樞之麩胺酸
（Glutamate）具刺激神經原之作用，神經原受激動放電，同時釋放 NO，
因為 NO 為簡單之氣體，可以逆向傳遞（Retrograde Transmission），可

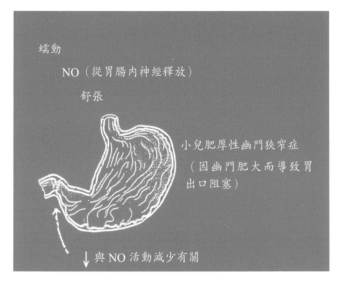

圖 16-9 胃腸內神經（Enteric Nerves）可釋放 NO（Ni-
trogenic）引起幽門放鬆，才可完成蠕動（Peristalsis）；
小兒肥厚性幽門狹窄症（Infantile Hypertrophic Pyloric
Stenosis）因幽門肌肥大而導致胃出口阻塞，與 NO 活動
減少有關

使被激發之神經原接受一次刺激後，即保持長時間興奮狀態，稱為 Long-
Term Potentiation（LTP），此一效應可能與記憶（Memory）有關（圖
16-10）。

　　但是 NO 之易傳遞特性，在某些情況導致毒害作用，例如中風
（Stroke），產生大量 NO 釋放，反而對受傷之細胞有害，當麩胺酸由缺
氧之神經原放出，刺激 NMDA 受體，導致太多鈣離子（Ca^{++}）流入神經
細胞，更促進 NO 釋放，兩者形成一正性迴饋，造成細胞更大傷害，動物
實驗顯示 NO 合成酶抑制劑（如 L-NAME 或 L-NMMA），有防止神經原
繼續傷害之效果。

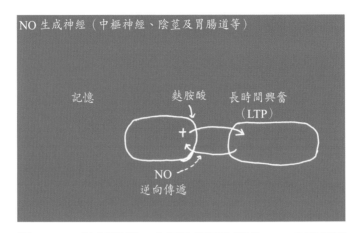

圖 16-10　神經系統。中樞神經具有釋放 NO 之神經原
（Nitrogenic Neuron），麩胺酸（Glutamate）激發一神經原
後，釋放 NO，在兩個或以上之神經原 NO 具逆向傳遞能
力，因此可使被激發之神經原接受一次刺激後，即長時間
興奮，稱 Long-term Potentiation（LTP），此一現象可能與
記憶（Memory）有關

　　NO 是重要血管舒張劑，在整體動物及人類，給予 NO 抑制劑升高
動脈壓，在周邊循環，NO 阻斷對於局部器官血流有下降作用，導致血
管阻力增加。男性陰莖之海綿體（Corpus Cavernosum）具釋放 NO 之
Nitrogenic nerve，NO 為海綿體內細動脈之擴張物質，動物實驗及人體
觀察顯示，NO 合成酶抑制劑會減低男性陰莖勃起，L-arginine 則有治療
男性性無能之效果，NO 成為陰莖勃起之神經傳遞物質，導致 Sidenatil
（Viagra，威而鋼）等藥物之發明以治療陽萎。40% 的鐮刀型紅血球貧血
（Sickle Cell Anemia）病人常常發生一種勃起不軟（Male Priapism）症
狀，患者並無性慾，可是陰莖一直維持在勃起狀態長達數小時，利用 NO
抑制劑，減少 NO，可使勃起之陰莖軟化。
　　敗血症休克（Septic Shock）病人，注射 Dopamine 及 Norepinephrine
等收縮劑以及大量輸液，均無法提升血壓，注射 L-NAME 或 L-NMMA

等 NO 抑制劑，即可升高血壓，可見 NO 在敗血症休克中大量釋放，引起血管舒張，是低血壓之主要原因。Geroulanos 等人（1992）發表敗血症休克病人併發多重器官衰竭（Multiple Organ Failure），病人血壓降至平均 65 mmHg，給予 Norepinephrine（NE）灌注血壓僅輕微短暫上升，但由靜脈注射一劑 L-NMMA 30 mg/kg，3 分鐘之後，血壓明顯上升至 95 mmHg 藥效長達 25 分鐘，當血壓再下降時，靜脈灌注 NE 即可使血壓升高，更加確定 NO 為導致敗血症休克之元凶（圖 16-11），NO 抑制劑有延長生命的功效。

　　肝硬化（Cirrhosis）病人，除了肝功能失常之外，還會產生低血壓，實驗證明 NO 之過度產生是造成低血壓的原因，在病人身上注射 Methylene Blue（一種染色劑）可提升血壓長達 60 分鐘，因為 Methylene Blue 可以抑制 Guanylate Cyclase 之活化。腎臟癌之病人也會發生低血壓，NO 大量釋放導致血管舒張是主要原因，臨床研究發現給予白血球間質 2（Interleukin-2）加上 L-NMMA 可降低 NO 合成酶及 NO 含

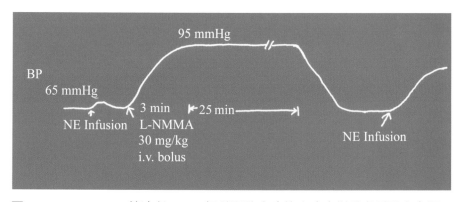

圖 16-11　Geroalans 等人於 1992 年發現敗血症休克病人併發多重器官衰竭，平均血壓下降至 65 mmHg，給予 Norepinephrine（NE）灌注，無法使血壓上升，但給予 NO 抑制 L-NMMA，血壓提升至 95 mmHg，而且持續達 25 分鐘以上，在血壓下降後，灌注 NE 即可有效提升血壓

量，而改善低血壓，此一研究也指出 NO 之生成是透過誘發型 NOS（Inducible NOS, iNOS），而非內皮型或本質型 NOS（Endothelial or Constitutive NOS, eNOS or cNOS），Interleukin 細胞素（Cytokines）及內毒素（Endotoxin）等均可激發 iNOS，而 L-NAME、L-NMMA 及 Glucocorticoids 可抑制 eNOS 及 iNOS。往後的研究顯示 NO 之半衰期很短，它迅速被氧化（結合 O_2 或氧游離基 O_2^-）變成代謝物 NO_2^-（Nitrite）及 NO_3^-（Nitrate），因此測量 Nitrate/Nitrite 之濃度成為 NO 釋放之指標，而 Superoxide Dimutase（SOD）可以結合 O_2^-，因此延長依賴內皮之血管放鬆，而 Nitroglycerin 及 Nitroprusside 則為不必依賴內皮之血管舒張物質。

持續研究指出敗血症休克主要由革蘭氏陰性細菌（Gram-negative Bacteria）引發，造成持續性低血壓，對於血管收縮劑之反應降低，其機轉為內毒素及細胞素（Interleukin 及 Tumor Necrosis Factor）激發巨噬細胞（Macrophage）、內皮細胞及網狀內皮細胞（Reticular Endothelial Cells），經過 iNOS 的作用，引發大量 NO 釋放，造成血管舒張，血壓降低。

1977 年第十六屆國際藥理學會於德國慕尼黑召開，由 S. Moncada、A. Higgs 及 R. Furchgott 共同發表一篇回顧性論文，主要目的為將 NO 有關藥物統一名稱，自從 1987 證明 NO 為內皮衍生血管舒張物質，十年間超過 14,000 篇與 NO 有關論文發表，可見其熱門及重要程度。更多非特殊及特殊性之 NOS 抑制劑發明誕生，除了 N^ω-monomethyl-L-arginine（L-NMMA）及 N^ω-nitro-L-arginine（L-NA）之外，還有 N^ω-amino-L-arginine（L-NAA），以上藥物為非特殊性 NOS 阻斷劑，抑制 cNOS 及 iNOS。以後發展較具特殊性之 NOS 阻斷劑，抑制 iNOS 多於 cNOS，此類藥物，包括 Aminoguanidine、N-iminoethyl-L-urnithine（L-NIO）、

S-methylisothiourea（SMT）及 L-N6-（l-iminoethyl）-lysine（L-Nil）
等。翌年的諾貝爾桂冠 S. Moncada 竟然榜上無名，後來也不見爭議，若
干國際會議仍然邀請他給予演講，與會者對他十分尊崇，也肯定他的研究
群在 NO 研究方面所做的貢獻。

　　我們的實驗室早在 1981 年即開始對 Nitroglycerin 及 Nitroprusside 兩
種不必依賴內皮之血管擴張劑研究其血流動力、低血壓、對腦、四肢血
流作用等，當時 Nitroglycerin 用以治療心絞痛及心肌缺氧；Nitroprusside
則在麻醉時用以引發可調控之低血壓，減少流血。當年筆者的興趣在循環
生理學，與心臟科合作，同時有麻醉科醫師（葉富欽等）前來實驗室做實
驗，因此研究這兩種藥物之藥理作用。筆者於 1986 年應聘前往愛德華大
學心臟血管研究中心擔任客座教授時，也曾研究內皮細胞因素對感壓反射
之作用，返國之後亦曾與三總泌尿科合作研究犬陰莖勃起之血流動力，可
惜那時候沒想到觸及 NO 的研究。

　　在國防及慈濟（1997 年代），我們利用 L-NAME 急性阻斷 NO，研
究對於動脈血流動力穩態（Steady Components）及波態成分（Pulsatile
Components）之作用，大白鼠給予 L-NAME 之後，血壓及周邊血管阻
力增加，心跳變慢。L-NAME 急性阻斷內生性 NO 的結果，僅對於穩態
性血流動力有影響，對於波態性血流動力，如特徵阻抗（Characteristic
Impedance）及波反射（Pulse Wave Reflection）作用不大。

　　Aminoguanidine，為一種較具抑制 iNOS 之藥劑，基本上對於穩態及
波態血流動力不具效果，表示 cNOS 或 eNOS 是影響血流動力之主因，
iNOS 並不參與其間。計算穩態及波態血流動力參數需要利用數學或醫工
理論，以傅利葉（Fourier）轉換或頻率分析獲取資料，很幸運地，這時
與國防鄰近的臺大有兩位電機系學生張國柱及胡正濤加入實驗室工作，也
成為研究生，三總心臟科王丹江醫師偶而參與，榮總謝凱生醫師則甚積

極，兩位學生引起實驗室利用數學法分析完整血流動力的興趣，我們引進自發性高血壓鼠（Spontaneously Hypertensive Rats, SHR）與正常血壓鼠 Wistar Kyoto Rats（WKY）比較，與先前在另一種正常血壓鼠（SD 種）結果相同，L-NAME 急性阻斷 NO，在 WKY 及 SHR 僅改變穩態性之血壓及周邊血管阻力，而不作用於波態性參數。過去一直認為 NO 促進血管舒張，降低血壓，高血壓（Hypertension）可能因缺乏 NO 而引起，也有若干研究支持這一論點，但是筆者們比較 WKY 及 SHR，發現給予 NO 之後，本來血壓高的 SHR 動脈血壓及周邊血管阻力升高的幅度遠比 WKY 大，此一結果表示 NO 釋放或功能在 SHR 不但沒比 WKY 減少，反而增加。除了急性給予 L-NAME 外，也研究慢性的作用，慢性 NO 引起的高血壓從 1992 年後成為一種新的高血壓動脈模式。筆者在慈濟的第一位醫學生研究助理張懷仁利用晚上、假日及寒暑假進入實驗室，他的研究發現 SHR 從幼小時期（第五週齡，高血壓前期）給予 L-NAME 在 4 週內使高血壓迅速進入惡性期（Malignant Phase），在不給 L-NAME 之 SHR，通常需要 14 週以上，而且血壓上升的幅度在 SHR 遠較 WKY 大，利用 Aminoguanidine 抑制 iNOS 則無顯著效果，結果表示在 SHR 經過 cNOS 或 eNOS 使 NO 生成及功能增強是高血壓鼠的一種代償作用，避免血壓過高，此作用與 iNOS 沒有太大關係，張懷仁更觀察到進入惡性期之 SHR 有中風（Stroke）現象，解剖病理觀察發現腦、腸、胃、心等器官有出血、水腫、栓塞及肥厚等病變，他及其他工作者再利用離體灌注腸繫膜血管床，使用 12～15 週齡已達穩定高血壓之 SHR 及同齡之 WKY，ACh 及 NO 增強劑（Sodium Nitroprusside, SNP 或 S-Nitro-N-Acetyl Penicillamine, SNAP）產生與劑量有關之內皮相關及不相關血管舒張，舒張之幅度 SHR 比 WKY 大，SHR 血管對 Norepinephrine 及 Phenylephrine 之內皮相關或不相關的收縮反應也比 WKY 大。謝楠光是筆者到花蓮後第一位碩士班

研究生，當時他已高任署立花蓮醫院副院長，謝楠光及同仁也利用 WKY 及 SHR 由 5 週齡大開始在飲水中加入 L-NAME，他們對腦血管之結構變化利用多種組織病理及免疫組織化學染色方法分析，此類研究觀察到早期 NO 阻斷選擇升高 SHR 血壓，體重下降而心重增加，利用 ED 免疫組織化學染色，具有對抗發炎細胞（Macrophage/Monocyte）之抗體，發現嚴重血管外圍發炎（Perivascular Inflammation），Periodic Acid-Schiff（PAS）染色觀察到細動脈水晶化（Arteriolar Hyalinosis）及細動脈傷害指數（Arteriolar Injury Score）增加。血管外圍發炎及細動脈水晶化給予 L-NAME 後，兩週即出現，越久越惡化，血管腔直徑及橫切面積 SHR 比 WKY 小，給 L-NAME 後兩者更變小。分析 WKY 及 SHR 發生腦血管重塑現象（Vascular Remodeling）之目的在降低血管內壓力。高血壓鼠 NO 阻斷之後，腎臟發現嚴重腎絲球硬化（Glomerular Sclerosis），細動脈水晶化及腎功能失常，併發蛋白質及惡性高血壓之眼底（Eye Fundus）與腎絲球變化及腦部病灶（圖 16-12、16-13、16-14）。

　　利用 RT-PCR 觀察 iNOS 及 eNOS 在腎臟的表現，表示 NO 在高血壓之生理及病理角色 eNOS 為主要元凶，與 iNOS 無大關連。高血壓心室肥厚（VH）的原因為本實驗持續探討的題目之一，張懷仁等在 SHR 飲水中加入 L-Arginine，發現 SHR 之 VH 及纖維化（Fibrosis）降低（圖 16-15）。

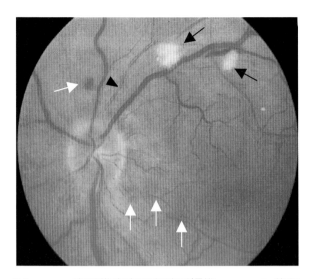

圖 16-12　自發性高血壓鼠接受慢性 L-NAME 後眼底變化，白色箭頭表示小血塊出血，黑色箭頭標示為海綿球（Cotton Ball）形成，黑頭（▲）顯示細血管阻塞

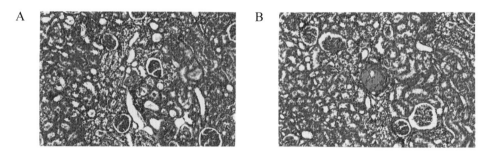

圖 16-13　高血壓鼠接受慢性去除一氧化氮後之腎臟變化。病理切片顯示眾多的硬化腎絲球（A），除了嚴重腎絲球硬化，還觀察到毛細管小球（Capillary Tuff）與 Bowman's Capsule 黏連，在包囊之上皮聚集凝血蛋白（Fibrin）沉澱。另外的現象為細動脈水晶化及管腔完全阻塞。（B）血管壁之構造完全被嗜紅性及富含凝血蛋白沉積（Eosinophilic and Fibrin-Rich Deposits）所變化。本切片亦可看到腎小管組織間質改變（Tubulointerstitial Changes）併有發炎細胞聚集

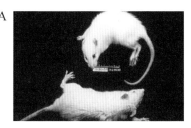

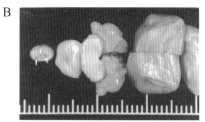
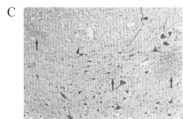

圖 16-14　高血壓鼠給予慢性 NO 阻斷劑造成惡性高血壓（25～35天），呈現：A. 中風現象（二肢或四肢麻痺），脊髓可見點狀出血；B. 小腦有塊狀出血，組織切片呈現多處出血病灶（箭頭）及海綿狀水腫變化；C. 神經原減少及反應性的細胞浸潤

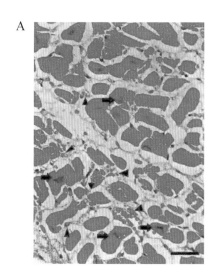
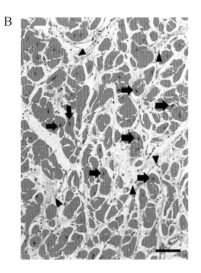

圖 16-15　自發性高血壓鼠（SHR）之血壓肌細胞（Cardiomycytes）在沒有給予（A）及給予 L-Arginine（B）之變化，沒有給予 L-Arginine 之心肌細胞顯染色較深之細胞核及不規則外圍，L-Arginine 有減輕心肌細胞肥大及纖維化之效果

　　胡正濤則利用慢性阻斷 NO，引發嚴重 VH，VH 併合左心室 cGMP 及 NO 分解物（Nitrate/Nitrite），膠原蛋白（Collagen）增加，VH 以左心室重／體重比，心肌細胞之全部數目（Total Numbers）密度（Numerical Density）及大小（Size）與血流動力之穩態性參數，如血壓及周邊血管阻力成正相關，亦與波態性成分，如動脈阻抗及波反射有正相關。我們在 1993 年左右即發表高血壓 VH 之程度與血壓及周邊血管阻力間之正相關性較弱，而與波態血流動力（特徵阻抗及波反射）之正相關性較強，表示波態性血流動力成分才是引發心室肥厚的成因，與血壓之高低關係不大。最近，我們以模擬動脈硬化的實驗，證實動脈硬化在血壓及周邊血管阻力變化不大之情況下，升高之動脈阻抗及反射波加上減少之動脈可容度可能是導致心室肥厚之主因。

　　1976 年，筆者由美國獲得生理學哲學博士學位返國後，獲學校及國科會之充分研究支助，我們與很多有興趣的同學在國防與三軍展開十分活躍的研究，主要興趣在高血壓及肺損傷之血流動力機轉，那時我們發展了一套分離肺模式，可體外灌注，但不必離體（Isolated Perfused Lungs in Situ，請參見第十四章圖 14-4），我們利用全身麻醉動物及離體肺施行各種肺損傷之研究，利用 PMA、血小板、空氣栓塞、缺氧、缺血再灌流，敗血症（Lipopolysaccharide, LPS 注射）及各種傳染（包括細菌、立克次體及病毒），最近之合作對象主要為臨床高尚志、蘇泉發醫師及病理之許永祥醫師，多數動物實驗與臨床研究發現 NO 透過 iNOS 之釋放對急性損傷（ALI）及急性呼吸窘迫症（ARDS）具破壞作用（Detrimental Effect），這些對於肺臟之挑戰（Challenges），包括：內毒素休克、缺血／再灌流、腸病毒 71 感染、螺旋桿菌、恙蟲病、狂犬病、PMA、Oleic Acid、空氣栓塞及脂肪栓塞等。

　　可能治療之道，包括：胰島素（Insulin）、運動、N-Acetylcysteine、

Propofol、Pentobarbital、Nicotinamide（B Complex）、Angiotensin Converting Enzyme（ACE）。血管生成激素（VEGF）、高密度膽固醇（HDL）及短鏈 RNA（SiRNA）等，這些非藥物及藥物均可降低 iNOS 及 NO（圖 16-16），進而減輕肺損傷及呼吸窘迫症（圖 16-17）。

　　肺缺氧引發之肺血管收縮（Hypoxia Pulmonary Vasoconstriction）有其生理意義，當肺泡缺氧時，肺血管收縮可以降低血流，使血流在正常肺泡較多，以增加空氣交換，NO 減少是否爲引起缺氧血管收縮的原因？我們曾經利用 NO 感應器置於肺臟表面及肺靜脈，可以即時直接測得 NO 釋放量，在缺氧通氣時，NO 釋放不但沒有減少反而增加，可降低肺血管收縮之程度，L-NAM E 減少 NO，因此加重缺氧肺血管收縮。

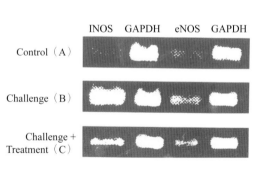

圖 16-16　許多挑戰（Challenges）包括敗血症（Endotoxemia）等會調高 iNOS 之基因表現，產生 NO，對肺組織生成毒性作用，如果加上某些治療（Treatments），如 Insulin（胰島素）及 Exercise（運動），則會降低 iNOS，而減輕肺損傷

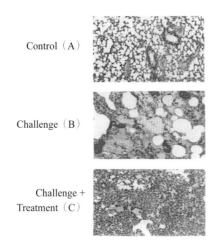

Control（A）

Challenge（B）

Challenge +
Treatment（C）

ACE, VEGF, Surfactant, INOS Inhibitors, HDL,
Beta Adrenergic Agonists, Glucocorticoids, siRNA

Challenges:

Endotoxemia
Ischemia/Reperfusion
Enterovirus 71
Leptospirosis
Srub Typhus
Phorbol Myristate Acetate
　（PMA）
Oleic Acid
Air Embolism
Fat Embolism

Treatments:

Exercise
Insulin
N-Acetylcysteine
Propofol
Pentobarbital
Nicotinamide
　（Niacinamide, B. Complex）

圖 16-17　引發肺損傷之主要原因與肺損傷可能治療之道

一氧化氮在敗血症及臨床疾病之效應（NO in Septic Shock and Clinical Diseases）

　　敗血症（Sepsis）、菌血症（Septicemia）或內毒素休克（Endotoxin Shock）是美國及其他國家主要引起死亡原因之一。早期的研究已確定激發 iNOS 引起大量 NO 產生是引起低血壓、對血管收縮藥物降低反應及最終多重器官衰竭之主因，我們的實驗室研究結果顯示，給予內毒素（Endotoxin, Lipopolysaccharide, LPS）產生嚴重之肺損傷，併發 iNOS、NO 及 Tumor Necrosis Fector$_\alpha$ 與 Interleukin-1$_\beta$ 增加，表示發炎性細胞素也與敗血症引發之肺損傷有關。研究團隊利用離體肺報告 NO 主要產生之地方在肺臟，NO 由 iNOS 產生對肺微循之內皮具傷害作用。紅血球（RBC）及血紅素（Hemoglobin）可以清除 NO，以及固定高壓肺膨脹

（Static Inflation）均可降低因缺氧及缺血／再灌流之肺損傷。最近我們進一步研究臨床病人，日本腦炎（Japanese B Encephalitis）病人，病毒侵犯延腦之降壓區（Medullary Depressor Area）造成中樞交感神經興奮，顱內動脈瘤（Mycotic Aneurysms）破裂引起顱內壓增加而引發之 ADRS，最後造成肺損傷之機轉可能與腦部壓迫造成之肺損傷相同（參見第十四章）。我們也觀察到乳癌併發淋巴管發炎（Lymphadenitis with Breast Cancer）以及脂栓塞（Fat Embolism）病人發生肺損傷，淋巴管阻塞，連帶引起毛細管及細靜脈堵塞是造成肺水腫的原因，而脂栓塞則不完全是由脂肪微粒阻礙淋巴流動，其他生化因素，如 cGMP、5-Hydroxytryptamine（Serotonin）、NO 及發炎細胞素可能參與肺損傷之形成。有兩年的夏天，新光與慈濟收集多位罹患腸病毒 71（Enterovirus 71）的小孩，住院時，肺部 X 射線檢查發現清晰肺，但是 21 位病人迅速呈現嚴重呼吸困難（Dyspnea），高血糖（Hyperglycemia），白血球增加（Leukocytosis）以及血氧下降、血壓及心跳波動增加，頻譜分析血壓及心跳顯示，在呼吸困難開始時交感神經活性增加、血壓上升及心跳變快；隨後副交感神經興奮，導致心跳變慢、血壓下降。病人於 4 小時內死亡，死亡之前，腦部放射照影顯示嚴重肺浸潤，與日本腦炎相似，病毒破壞延腦降壓區導致交感神經興奮，而轉錄聚合酶反應顯示 iNOS mRNA 顯著上調，其意義為腸病毒 71 引發 ARDS 也與 iNOS 有關。我們後來又發現狂犬病（Rabies）、螺旋桿菌（Leptospirosis）、高鈣（Hypercalcemia）及恙蟲病（Srub Typhus）均會引發致死之 ARDS，而且與 iNOS 有關。但 iNOS 有些疾病以內皮細胞為主要呈現細胞，若干則依類巨噬細胞。

　　實驗室於 2003 年發展一種無拘束之清醒鼠（Unrestrained and Conscious Rat Model），我們開始用此不必麻醉之新動物模式研究敗血症初期及晚期之生理、病理、生化及分生變化，實驗結果顯示血壓下

降、心跳變慢、白血球、Nitrate/Nitrite、Methyl Guanidine、Blood Urea Nitrogen（BUN）、Creatinine、乳酸去氫酶（Lactic Dehydrogenase）增加爲敗血症早期之指標，Creatinine Phosphokinase、Glutamic Oxaloacetic Transaminase、Lipase 及 Amylase 增加爲晚期生化變化。徐邦治等人發現 N-Acetylcysteine（NAC）〔一種化療劑及抗氧化劑（Antioxidant）〕、 Propofol（一種短效但作用快速之麻醉劑）；可以減輕內毒素產生之肺損傷及器官功能失調。隨後 Pentobarbital 及 Niacinamide 等藥物，證實能有效減低內毒素休克、PMA、OA 及脂栓塞（Fat Embolism）等引發之肺損傷。iNOS 抑制劑，如 L-NAME、L-NMMA、Aminoguanidine、SMT 及 L-Nil 均可有效防止內毒素引發之肺損傷，而 NO 促進劑（Donors），如 SNAP 及 SNP 等則增加肺損傷之嚴重度。由於高血糖對於內毒素休克以及腸病毒 71 引發之肺損傷是危險因素，我們研究胰島素（Insulin）對內毒素休克生理、病理、生化及分生變化之效果，發現胰島素有效降低內毒素引發之肺損傷及相關變化。胰島素不僅可以治療糖尿病，亦爲強力之抗發炎藥物。

編後語

　　由慈濟退休之後（民國 97 年），前往溫哥華與女兒相聚，度過將近一年的優閒歲月，將帶來的資料整理成書，蒙內人張秀蘭及三位女兒陳怡薇、怡瑩與怡萍用心校對，使本書得以出版，另外，助理黃馨怡小姐對於初稿圖片及說明費心整理，值得感謝。

　　一年後（民國 98 年）由王校長本榮先生邀請再任慈濟教職，他除了對筆者照顧之外，更為此書作序，甚為感恩。恩師蔡作雍院士，臺大醫院李前院長源德先生，新光內科教授高尚志醫師，陽明大學研發長郭博昭教授，臺北醫學大學生理學王家儀教授分別寫序推薦，這些先生、女士均是筆者所敬佩的師友，他們在心臟血管系統與其他醫學科學的研究教學均有卓越成績，國內也有其他學者在循環生理病理成就斐然，筆者僅勞動六位作序，特別致謝。

　　本書承五南圖書公司出版，王俐文女士、劉姵伶小姐及編輯小組費心整理、編整、校誤及出版等，十分感恩！

慈濟大學生理暨解剖醫學研究所教授

國防大學醫學院兼任教授

臺灣大學醫學院兼任教授

參考文獻

1. Abraham E. Neutrophils and acute lung injury. Crit Care Med, 2003; 31: S195-9.

2. Agorreta J, Garayoa M, Montuenga LM, et al. Effects of acute hypoxia and lipopolysaccharide on nitric oxide synthase-2 expression in acute lung injury. Am J Respir Crit Care Med, 2003; 168: 287-96.

3. Aitkenhead AR, Pepperman ML, Willatts SM, et al. Comparison of propofol and midazolam for sedation in critically ill patients. Lancet, 1989; 2: 704-9.

4. Alsaghir AH, Martin CM. Effect of prone positioning in patients with acute respiratory distress syndrome: a meta-analysis. Crit Care Med, 2008; 36: 603-9.

5. Angus D, Ishizaka A, Matthay M, et al. Critical care in AJRCCM, 2004. Am J Respir Crit Care Med, 2005; 171: 537-44.

6. Berger MM, Chiolero RL. Antioxidant supplementation in sepsis and systemic inflammatory response syndrome. Crit Care Med, 2007; 35: S584-90.

7. Bernard GR. Acute respiratory distress syndrome: a historical perspective. Am J Respir Crit Care Med, 2005; 172: 798-806.

8. Brackenbury AM, Puligandla PS, McCaig LA, et al. Evaluation of exogenous surfactant in HCL-induced lung injury. Am J Respir Crit Care Med, 2001; 163: 1135-42.

9. Broccard AF, Hotchkiss JR, Vannay C, et al. Protective effects of

hypercapnic acidosis on ventilator-induced lung injury. Am J Respir Crit Care Med, 2001; 164: 802-6.

10. Brower RG, Ware LB, Berthiaume Y, et al. Treatment of ARDS. Chest, 2001; 120: 1347-67.

11. Bryson HM, Fulton BR, Faulds D. Propofol. An update of its use in anaesthesia and conscious sedation. Drugs, 1995; 50: 513-59.

12. Bursten SL, Federighi DA, Parsons P, et al. An increase in serum C18 unsaturated free fatty acids as a predictor of the development of acute respiratory distress syndrome. Crit Care Med, 1996; 24: 1129-36.

13. Calfee CS, Matthay MA. Nonventilatory treatments for acute lung injury and ARDS. Chest, 2007; 131: 913-20.

14. Chen HI, Chai CY. Pulmonary adema and hemorrhage as a consequence of systemic vasoconstriction. Am J Physiol, 1974; 227: 144-51.

15. Chen HI, Chang HR, Wu CY, et al. Nitric oxide in the cardiovascular and pulmonary circulation--a brief review of literatures and historical landmarks. Chin J Physiol, 2007; 50: 43-50.

16. Chen HI, Hsieh NK, Kao SJ, et al. Protective effects of propofol on acute lung injury induced by oleic acid in conscious rats. Crit Care Med, 2008; 36: 1214-21.

17. Chen HI, Hsieh SY, Yang FL, et al. Exercise training attenuates septic responses in conscious rats. Med Sci Sports Exerc, 2007; 39: 435-42.

18. Chen HI, Kao SJ, Hsu YH. Pathophysiological mechanism of lung injury in patients with leptospirosis. Pathology, 2007; 39: 339-44.

19. Chen HI, Kao SJ, Wang D, et al. Acute respiratory distress syndrome. J Biomed Sci, 2003; 10: 588-92.

20. Chen HI, Liao JF, Kuo L, et al. Centrogenic pulmonary hemorrhagic edema induced by cerebral compression in rats. Mechanism of volume and pressure loading in the pulmonary circulation. Circ Res, 1980; 47: 366-73.

21. Chen HI, Sun SC, Chai CY. Pulmonary edema and hemorrhage resulting from cerebral compression. Am J Physiol, 1973; 224: 223-9.

22. Chen HI, Yeh DY, Liou HL, et al. Insulin attenuates endotoxin-induced acute lung injury in conscious rats. Crit Care Med, 2006; 34: 758-64.

23. Chu CH, Liu DD, Hsu YH, et al. Propofol exerts protective effects on the acute lung injury induced by endotoxin in rats. Pulm Pharmacol Ther, 2007; 20: 503-12.

24. Chu SJ, Chang DM, Wang D, et al. Protective effect of lipophilic antioxidants on phorbol-induced acute lung injury in rats. Crit Care Med, 2001; 29: 819-24.

25. Chuang IC, Liu DD, Kao SJ, et al. N-acetylcysteine attenuates the acute lung injury caused by phorbol myristate acetate in isolated rat lungs. Pulm Pharmacol Ther, 2007; 20: 726-33.

26. Creamer KM, McCloud LL, Fisher LE, et al. Pentoxifylline rescue preserves lung function in isolated canine lungs injured with phorbol myristate acetate. Chest, 2001; 119: 1893-900.

27. Davidson BA, Knight PR, Wang Z, et al. Surfactant alterations in acute inflammatory lung injury from aspiration of acid and gastric particulates. Am J Physiol Lung Cell Mol Physiol, 2005; 288: L699-708.

28. de Abreu MG, Quelhas AD, Spieth P, et al. Comparative effects of vaporized perfluorohexane and partial liquid ventilation in oleic aci-dinduced lung injury. Anesthesiology, 2006; 104: 278-89.

29. Drosten C, Gunther S, Preiser W, et al. Identification of a novel coronavirus in patients with severe acute respiratory syndrome. N Engl J Med, 2003; 348: 1967-76.

30. Ducker TB, Simmons RL. Increased intracranial pressure and pulmonary edema. 2. The hemodynamic response of dogs and monkeys to increased intracranial pressure. J Neurosurg, 1968; 28: 118-23.

31. Ducker TB. Increased intracranial pressure and pulmonary edema. 1. Clinical study of 11 patients. J Neurosurg, 1968; 28: 112-7.

32. Eisenhut M, Wallace H, Barton P, et al. Pulmonary edema in meningococcal septicemia associated with reduced epithelial chloride transport. Pediatr Crit Care Med, 2006; 7: 119-24.

33. Evgenov OV, Hevroy O, Bremnes KE, et al. Effect of aminoguanidine on lung fluid filtration after endotoxin in awake sheep. Am J Respir Crit Care Med, 2000; 162: 465-70.

34. Fabian TC. Unravelling the fat embolism syndrome. N Engl J Med, 1993; 329: 961-3.

35. Fan E, Needham DM, Stewart TE. Ventilatory management of acute lung injury and acute respiratory distress syndrome. JAMA, 2005; 294: 2889-96.

36. Fan J, Ye RD, Malik AB. Transcriptional mechanisms of acute lung injury. Am J Physiol Lung Cell Mol Physiol, 2001; 281:L1037-50.

37. Feihl F, Eckert P, Brimioulle S, et al. Permissive hypercapnia impairs pulmonary gas exchange in the acute respiratory distress syndrome. Am J Respir Crit Care Med, 2000; 162: 209-15.

38. Galiatsou E, Kostanti E, Svarna E, et al. Prone position augments

recruitment and prevents alveolar overinflation in acute lung injury. Am J Respir Crit Care Med, 2006; 174: 187-97.

39. Goldhaber SZ. Pulmonary embolism. Lancet, 2004; 363: 1295-305.

40. Griffiths MJ, Evans TW. Inhaled nitric oxide therapy in adults. N Engl J Med, 2005; 353: 2683-95.

41. Gunther A, Schmidt R, Harodt J, et al. Bronchoscopic administration of bovine natural surfactant in ARDS and septic shock: impact on biophysical and biochemical surfactant properties. Eur Respir J, 2002; 19: 797-804.

42. Hinder F, Meyer J, Booke M, et al. Endogenous nitric oxide and the pulmonary microvasculature in healthy sheep and during systemic inflammation. Am J Respir Crit Care Med, 1998; 157: 1542-9.

43. Hite RD, Morris PE. Acute respiratory distress syndrome: pharmacological treatment options in development. Drugs, 2001; 61: 897-907.

44. Hsu BG, Lee RP, Yang FL, et al. Post-treatment with N-acetylcysteine ameliorates endotoxin shock-induced organ damage in conscious rats. Life Sci, 2006; 79: 2010-6.

45. Hsu BG, Yang FL, Lee RP, et al. Effects of post-treatment with low-dose propofol on inflammatory responses to lipopolysaccharide-induced shock in conscious rats. Clin Exp Pharmacol Physiol, 2005; 32: 24-9.

46. Hsu BG, Yang FL, Lee RP, et al. N-acetylcysteine ameliorates lipopolysaccharide-induced organ damage in conscious rats. J Biomed Sci, 2004; 11: 152-62.

47. Hsu YH, Chen HI. Acute respiratory distress syndrome associated with rabies. Pathology, 2008; 40: 647-50.

48. Hsu YH, Chen HI. Pulmonary pathology in patients associated with scrub

typhus. Pathology, 2008; 40: 268-71.

49. Hsu YH, Chen HI. The involvement of nitric oxide and beta-adrenergic pathway signalling in pulmonary oedema and fluid clearance. Pathology, 2007; 39: 612-3.

50. Hsu YH, Kao SJ, Lee RP, et al. Acute pulmonary oedema: rare causes and possible mechanisms. Clin Sci (Lond), 2003; 104: 259-64.

51. Huang KL, Shaw KP, Wang D, et al. Free radicals mediate amphetamine-induced acute pulmonary edema in isolated rat lung. Life Sci, 2002; 71: 1237-44.

52. Hubmayr RD. Perspective on lung injury and recruitment: a skeptical look at the opening and collapse story. Am J Respir Crit Care Med, 2002; 165: 1647-53.

53. Imai Y, Kuba K, Rao S, et al. Angiotensin-converting enzyme 2 protects from severe acute lung failure. Nature, 2005; 436: 112-6.

54. Jian MY, Koizumi T, Kubo K. Effects of nitric oxide synthase inhibitor on acid aspiration-induced lung injury in rats. Pulm Pharmacol Ther, 2005; 18: 33-9.

55. Jourdan C, Convert J, Rousselle C, et al. Hemodynamic study of acute neurogenic pulmonary edema in children. Pediatrie, 1993; 48: 805-12.

56. Kao SJ, Liu DD, Su CF, et al. Niacinamide abrogates the organ dysfunction and acute lung injury caused by endotoxin. J Cardiovasc Pharmacol, 2007; 50: 333-42.

57. Kao SJ, Peng TC, Lee RP, et al. Nitric oxide mediates lung injury induced by ischemia-reperfusion in rats. J Biomed Sci, 2003; 10: 58-64.

58. Kao SJ, Su CF, Liu DD, et al. Endotoxin-induced acute lung injury and

organ dysfunction are attenuated by pentobarbital anaesthesia. Clin Exp Pharmacol Physiol, 2007; 34: 480-7.

59. Kao SJ, Wang D, Lin HI, et al. N-acetylcysteine abrogates acute lung injury induced by endotoxin. Clin Exp Pharmacol Physiol, 2006; 33: 33-40.

60. Kao SJ, Wang D, Yeh DY, et al. Static inflation attenuates ischemia/ reperfusion injury in an isolated rat lung in situ. Chest, 2004; 126: 552-8.

61. Kao SJ, Yang FL, Hsu YH, et al. Mechanism of fulminant pulmonary edema caused by enterovirus 71. Clin Infect Dis, 2004; 38: 1784-8.

62. Kao SJ, Yeh DY, Chen HI. Clinical and pathological features of fat embolism with acute respiratory distress syndrome. Clin Sci, 2007; 113: 279-85.

63. Kinoshita M, Ono S, Mochizuki H. Neutrophils mediate acute lung injury in rabbits: role of neutrophil elastase. Eur Surg Res, 2000; 32: 337-46.

64. Koshika T, Ishizaka A, Nagatomi I, et al. Pretreatment with FK506 improves survival rate and gas exchange in canine model of acute lung injury. Am J Respir Crit Care Med, 2001; 163: 79-84.

65. Kristof AS, Goldberg P, Laubach V, et al. Role of inducible nitric oxide synthase in endotoxin-induced acute lung injury. Am J Respir Crit Care Med, 1998; 158: 1883-9.

66. Ksiazek TG, Erdman D, Goldsmith CS, et al. A novel coronavirus associated with severe acute respiratory syndrome. N Engl J Med, 2003; 348: 1953-66.

67. Kuraki T, Ishibashi M, Takayama M, et al. A novel oral neutrophil elastase inhibitor (ONO-6818) inhibits human neutrophil elastase-induced

emphysema in rats. Am J Respir Crit Care Med, 2002; 166: 496-500.

68. Laffey JG, Honan D, Hopkins N, et al. Hypercapnic acidosis attenuates endotoxin-induced acute lung injury. Am J Respir Crit Care Med, 2004; 169: 46-56.

69. Lang JD, Figueroa M, Sanders KD, et al. Hypercapnia via reduced rate and tidal volume contributes to lipopolysaccharide-induced lung injury. Am J Respir Crit Care Med, 2005; 171: 147-57.

70. Lee N, Hui D, Wu A, et al. A major outbreak of severe acute respiratory syndrome in Hong Kong. N Engl J Med, 2003; 348: 1986-94.

71. Lee RP, Lin NT, Chao YF, et al. High-density lipoprotein prevents organ damage in endotoxemia. Res Nurs Health, 2007; 30: 250-60.

72. Lee RP, Wang D, Kao SJ, et al. The lung is the major site that produces nitric oxide to induce acute pulmonary oedema in endotoxin shock. Clin Exp Pharmacol Physiol, 2001; 28: 315-20.

73. Lee RP, Wang D, Lin NT, et al. Physiological and chemical indicators for early and late stages of sepsis in conscious rats. J Biomed Sci, 2002; 9: 613-21.

74. Lee WL, Downey GP. Leukocyte elastase: physiological functions and role in acute lung injury. Am J Respir Crit Care Med, 2001; 164: 896-904.

75. Levinson RM, Shure D, Moser KM. Reperfusion pulmonary edema after pulmonary artery thromboendarterectomy. Am Rev Respir Dis, 1986; 134: 1241-5.

76. Li BJ, Tang Q, Cheng D, et al. Using siRNA in prophylactic and therapeutic regimens against SARS coronavirus in Rhesus macaque. Nat Med, 2005; 11: 944-51.

77. Lin CC, Liu ZM, Chen HI. Downexpression and dysfunction of endothelial nitric oxide synthase on aorta by exogenous LDL can be transiently restored by one bout of acute exhaustive exercise. J Exerc Sci Fit, 2007; 5: 65-72.

78. Lin HI, Chu SJ, Wang D, et al. Effects of an endogenous nitric oxide synthase inhibitor on phorbol myristate acetate-induced acute lung injury in rats. Clin Exp Pharmacol Physiol, 2003; 30: 393-8.

79. Liu DD, Kao SJ, Chen HI. N-acetylcysteine attenuates acute lung injury induced by fat embolism. Crit Care Med, 2008; 36: 565-71.

80. Liu YC, Kao SJ, Chuang IC, et al. Nitric oxide modulates air embolis-minduced lung injury in rats with normotension and hypertension. Clin Exp Pharmacol Physiol, 2007; 34: 1173-80.

81. Lopez-Herce J, de Lucas N, Carrillo A, et al. Surfactant treatment for acute respiratory distress syndrome. Arch Dis Child, 1999; 80: 248-52.

82. Marik PE. Aspiration pneumonitis and aspiration pneumonia. N Engl J Med, 2001; 344: 665-71.

83. Matthay MA, Zimmerman GA. Acute lung injury and the acute respiratory distress syndrome: four decades of inquiry into pathogenesis and rational management. Am J Respir Cell Mol Biol, 2005; 33: 319-27.

84. Milberg JA, Davis DR, Steinberg KP, et al. Improved survival of patients with acute respiratory distress syndrome (ARDS): 1983-1993. JAMA, 1995; 273: 306-9.

85. Molnar Z, Shearer E, Lowe D. N-Acetylcysteine treatment to prevent the progression of multisystem organ failure: a prospective, randomized, placebo-controlled study. Crit Care Med, 1999; 27: 1100-4.

86. Molnar Z. N-acetylcysteine as the magic bullet: too good to be true. Crit Care Med, 2008; 36: 645-6.

87. Moloney ED, Evans TW. Pathophysiology and pharmacological treatment of pulmonary hypertension in acute respiratory distress syndrome. Eur Respir J, 2003; 21: 720-7.

88. Mols G, Priebe HJ, Guttmann J. Alveolar recruitment in acute lung injury. Br J Anaesth, 2006; 96: 156-66.

89. Mura M, dos Santos CC, Stewart D, et al. Vascular endothelial growth factor and related molecules in acute lung injury. J Appl Physiol, 2004; 97: 1605-17.

90. Murakami K, Cox RA, Hawkins HK, et al. Cepharanthin, an alkaloid from Stephania cepharantha, inhibits increased pulmonary vascular permeability in an ovine model of sepsis. Shock, 2003; 20: 46-51.

91. Mutlu GM, Sznajder JI. Mechanisms of pulmonary edema clearance. Am J Physiol Lung Cell Mol Physiol, 2005; 289:L685-95.

92. Ni Chonghaile M, Higgins B, Laffey JG. Permissive hypercapnia: role in protective lung ventilatory strategies. Curr Opin Crit Care, 2005; 11: 56-62.

93. Olsson GL, Hallen B, Hambraeus-Jonzon K. Aspiration during anaesthesia: a computer-aided study of 185,358 anaesthetics. Acta Anaesthesiol Scand, 1986; 30: 84-92.

94. Piantadosi CA, Schwartz DA. The acute respiratory distress syndrome. Ann Intern Med, 2004; 141: 460-70.

95. Pratt PC, Vollmer RT, Shelburne JD, et al. Pulmonary morphology in a multihospital collaborative extracorporeal membrane oxygenation project.

I. Light microscopy. Am J Pathol, 1979; 95: 191-214.

96. Puneet P, Moochhala S, Bhatia M. Chemokines in acute respiratory distress syndrome. Am J Physiol Lung Cell Mol Physiol, 2005; 288:L3-15.

97. Quinlan GJ, Lamb NJ, Evans TW, et al. Plasma fatty acid changes and increased lipid peroxidation in patients with adult respiratory distress syndrome. Crit Care Med, 1996; 24: 241-6.

98. Razavi HM, Wang le F, Weicker S, et al. Pulmonary neutrophil infiltration in murine sepsis: role of inducible nitric oxide synthase. Am J Respir Crit Care Med, 2004; 170: 227-33.

99. Ricard JD, Dreyfuss D, Saumon G. Ventilator-induced lung injury. Eur Respir J Suppl, 2003; 42: 2s-9s.

100. Richards P. Pulmonary oedema and intracranial lesions. Br Med J, 1963; 2: 83-6.

101. Safdar Z, Yiming M, Grunig G, et al. Inhibition of acid-induced lung injury by hyperosmolar sucrose in rats. Am J Respir Crit Care Med, 2005; 172: 1002-7.

102. Sartori C, Matthay MA. Alveolar epithelial fluid transport in acute lung injury: new insights. Eur Respir J, 2002; 20: 1299-313.

103. Schmidt R, Meier U, Yabut-Perez M, et al. Alteration of fatty acid profiles in different pulmonary surfactant phospholipids in acute respiratory distress syndrome and severe pneumonia. Am J Respir Crit Care Med, 2001; 163: 95-100.

104. Simons RL. Neurogenic pulmonary edema. Neurol Clin 1993; 11: 309-23.

105. Sleiman C, Mal H, Fournier M, et al. Pulmonary reimplantation response in single-lung transplantation. Eur Respir J, 1995; 8: 5-9.

106.Su CF, Liu DD, Kao SJ, et al. Nicotinamide abrogates acute lung injury caused by ischaemia/reperfusion. Eur Respir J, 2007; 30: 199-204.

107.Su CF, Yang FL, Chen HI. Inhibition of inducible nitric oxide synthase attenuates acute endotoxin-induced lung injury in rats. Clin Exp Pharmacol Physiol, 2007; 34: 3 39-46.

108.Vadasz I, Morty RE, Kohstall MG, et al. Oleic acid inhibits alveolar fluid reabsorption: a role in acute respiratory distress syndrome? Am J Respir Crit Care Med, 2005; 171: 469-79.

109.Vincent JL, Sakr Y, Ranieri VM. Epidemiology and outcome of acute respiratory failure in intensive care unit patients. Crit Care Med, 2003; 31:S296-9.

110.Vlahakis NE, Hubmayr RD. Cellular stress failure in ventilator-injured lungs. Am J Respir Crit Care Med, 2005; 171: 1328-42.

111.Wang D, Li MH, Hsu K, et al. Air embolism-induced lung injury in isolated rat lungs. J Appl Physiol, 1992; 72: 1235-42.

112.Wang D, Wei J, Hsu K, et al. Effects of nitric oxide synthase inhibitors on systemic hypotension, cytokines and inducible nitric oxide synthase expression and lung injury following endotoxin administration in rats. J Biomed Sci, 1999; 6: 2 8-35.

113.Wang le F, Patel M, Razavi HM, et al. Role of inducible nitric oxide synthase in pulmonary microvascular protein leak in murine sepsis. Am J Respir Crit Care Med, 2002; 165: 1634-9.

114.Ward BJ, Pearse DB. Reperfusion pulmonary edema after thrombolytic therapy of massive pulmonary embolism. Am Rev Respir Dis, 1988; 138: 1308-11.

115.Ware LB, Matthay MA. The acute respiratory distress syndrome. N Engl J Med, 2000; 342: 1334-49.

116.Ware LB. Clinical Year in Review III: asthma, lung transplantation, cystic fibrosis, acute respiratory distress syndrome. Proc Am Thorac Soc, 2007; 4: 489-93.

117.Warner MA, Warner ME, Weber JG. Clinical significance of pulmonary aspiration during the perioperative period. Anesthesiology, 1993; 78: 56-62.

118.Weissman SJ. Edema and congestion of the lungs from intracranial hemorrhage. Surgery, 1939; 6: 722-9.

119.Yang FL, Li CH, Hsu BG, et al. The reduction of tumor necrosis factor-alpha release and tissue damage by pentobarbital in the experimental endotoxemia model. Shock, 2007; 28: 309-16.

120.Yoshimura K, Nakagawa S, Koyama S, et al. Roles of neutrophil elastase and superoxide anion in leukotriene B4-induced lung injury in rabbit. J Appl Physiol, 1994; 76: 91-6.

121.Zilberberg MD, Epstein SK. Acute lung injury in the medical ICU: comorbid conditions, age, etiology, and hospital outcome. Am J Respir Crit Care Med, 1998; 157: 1159-64.

索引（中英對照）

A

C

F

I

N

R

S

T

U

V

W

Y

國家圖書館出版品預行編目資料

心血管生理病理學／陳幸一著. ――初版.
――臺北市：五南, 2011.03
　面；　公分
ISBN 978-957-11-6208-9 (平裝)
1.心血管系統　2.心血管疾病
398.3　　　　　　　　　100001063

5J37
心血管生理病理學

作　　　者 ― 陳幸一（256.9）

發 行 人 ― 楊榮川

總 經 理 ― 楊士清

副總編輯 ― 王俐文

責任編輯 ― 劉娟伶　李志宏

封面設計 ― 斐類設計公司

出 版 者 ― 五南圖書出版股份有限公司

地　　　址：106臺北市大安區和平東路二段339號4樓

電　　　話：(02)2705-5066　　傳　真：(02)2706-6100

網　　　址：http://www.wunan.com.tw

電子郵件：wunan@wunan.com.tw

劃撥帳號：01068953

戶　　　名：五南圖書出版股份有限公司

法律顧問：林勝安律師事務所　林勝安律師

出版日期：2011年3月初版一刷
　　　　　　2018年10月初版二刷

定　　　價：新臺幣420元